中国第十次
北极科学考察报告

THE REPORT OF 2019 CHINESE
ARCTIC RESEARCH EXPEDITION

魏泽勋　主　编

陈红霞　副主编

海洋出版社

2023年·北京

图书在版编目（CIP）数据

中国第十次北极科学考察报告 / 魏泽勋主编. — 北京 : 海洋出版社, 2023.6
ISBN 978-7-5210-1127-2

Ⅰ. ①中… Ⅱ. ①魏… Ⅲ. ①北极 - 考察报告 - 中国 Ⅳ. ①N816.62

中国国家版本馆CIP数据核字(2023)第096541号

审图号：GS京(2023)1352号

中国第十次北极科学考察报告
ZHONGGUO DISHICI BEIJI KEXUE KAOCHA BAOGAO

责任编辑：王　溪
责任印制：安　淼

海洋出版社 出版发行
http://www.oceanpress.com.cn
北京市海淀区大慧寺路 8 号　　邮编：100081
北京顶佳世纪印刷有限公司印刷
2023年6第1版　　2023年7月第1次印刷
开本：889mm×1194mm　　1 / 16　　印张：10.75
字数：240千字　　定价：128.00元

发行部：010-62100090　　总编室：010-62100034
海洋版图书印、装错误可随时退换

《中国第十次北极科学考察报告》
编委会

主　　编：魏泽勋

副 主 编：陈红霞

编写人员：

第1章	陈红霞	张彬彬	买小平	黄　靖
	蔡　柯			
第2章	何　琰	吕连港	徐腾飞	钟文理
	杨廷龙	焦晓辉	崔凯彪	崔廷伟
	李　豪			
第3章	陈志华	李官保	周庆杰	
第4章	庄燕培	孙　霞	李扬杰	孙　恒
	陈发荣	杨佰娟	石红旗	曹　为
	江泽煜	王炜珉		
第5章	张武昌	袁　超	徐勤增	邵和宾
	郑　洲	李　海		
第6章	陈红霞	焦晓辉		

前　言

　　中国第十次北极考察是经自然资源部批准，国家海洋局极地考察办公室组织，由自然资源部第一海洋研究所牵头实施的考察任务，也是"向阳红01"号科学考察船首次抵达北极海域执行科学考察任务。我作为本次科学考察的领队兼首席科学家，深感使命光荣、责任重大。考察队由来自自然资源部第一海洋研究所、国家海洋环境预报中心、中国极地研究中心、自然资源部第二海洋研究所、自然资源部第三海洋研究所、中国科学院海洋研究所、中国海洋大学、浙江大学、太原理工大学、厦门大学、山东科技大学、青岛兴程人力资源有限公司和青岛华洋海事服务有限公司等13家单位派出的人员组成。

　　本次考察面向北极海域在全球气候变化中的作用和地位等科学前沿问题，开展基础海洋与大气、海洋地质、海洋生物资源与生态、航道环境要素和新型环境问题等综合调查，以及海底地形精密测绘业务化观测，为9项常规海洋环境观测和22项国家科技计划支持项目提供了保障支撑。

　　本次考察自2019年8月10日开始，至9月27日结束，历时49天，航行约10 300 n mile，最北到达76°02′N。考察队根据自然资源部批准的《中国第十次北极考察总体工作方案》，依据《中国第十次北极考察现场实施方案》，在白令海、楚科奇海、楚科奇海台和北太平洋等海区，开展了物理海洋与海洋气象、海洋化学与大气化学、海洋生物生态、地质与地球物理等学科的综合调查。考察队克服了天气恶劣、时间紧、任务重等诸多困难，最终完成了各项主体考察任务。

　　本次北极考察是我国首次使用综合海洋科学考察船"向阳红01"号科学考察船执行极地考察任务，为科学家提供多圈层、多学科、多参数综合海洋考察平台。为确保考察的顺利开展，"向阳红01"号科学考察船始终把航行安全工作放在首位，选择合适的航线，确保恶劣海况、雾区航行以及作业安全，规避强气旋对作业和航行的影响。"向阳红01"号科学考察船实验室全力保障调查设备的正常、安全运行，保证走航观测、站位调查作业的顺利进行。后勤服务人员全力以赴为考察队员做好饮食保障和后勤服务保障工作。国家海洋环境预报中心共制作了16期预报服务信息，发布"向阳红01"号科学考察船天气海况预报48期，有效地保障了"向阳红01"号科学考察船的航行和各项调查作业的顺利开展。考察队设立随船安全监督员和质量监督员，由其负责对各专业考察开展了安全、质量控制与监督管理工作，确保了航次各项任务安全、高质量的完成，满足安全性、可靠性、完整性和规范性的要求。

　　本航次实施了58个站位海洋水体综合观测、29站次底质沉积物采样、21站次的底栖生物拖网（含8个站位的底质加生物联合拖网）、18站次浮游动物加植物联合垂直拖网、11站次生物水平拖网、10站次微塑料拖网、2套锚碇潜标回收和布放、1套冰－海浮标布放和3台水下滑翔机布放等任务。获取基础数据约152 GB和各类样品逾6640份。船只航渡期间进行海洋、气象、海洋和大气成分和通量要素走航观测。投放抛弃式XBT/XCTD 54枚，探空气球16个，表层漂流浮标3个；完成地球物理多波束测深和浅地层剖面观测1210 km，海面重力走航观测近12 000 km，为系统了解北冰洋重点海域的海洋环境和生态特征，掌握多尺度海－冰－气相互作用及其天气气候效应，评估中央航道的适航性，探索北冰洋海洋酸化、人工核素和微塑料分布等新型环境问题积累了宝贵的观测数据。

与我国以往的北极科学考察相比，本次考察主要有以下几个特点：（1）实施以北极海洋业务化监测为主的调查，进一步夯实了北极业务化监测基础，为完善北极业务化监测体系做出贡献；（2）首次成功实现多个水下滑翔机在北极海域的水体与生化要素同步联合观测，提升了我国对北极环境的观/监测能力；（3）首次在东白令海和北太平洋开展调查，拓展了我国对北极地区和大洋的考察范围；（4）将多金属结核成因机理调查纳入考察计划，采用拖网样品与地球物理观测数据相结合的方式，为研究楚科奇边缘地的演化过程进一步提供了基础资料；（5）将探索北极海洋酸化、微塑料和人工核素等热点海洋环境问题纳入业务化监测范畴，为更全面地从碳循环角度认识北极海区对于气候变化的响应及调节作用，评估北极海洋、大气和生物载体的人工放射性核素水平和微塑料含量，认识北极海域微塑料对生态系统潜在危害提供科学支撑；（6）"向阳红01"号科学考察船成为我国首艘在南北极海域、太平洋、印度洋、大西洋等全球海域均开展过海洋科考的综合科学考察船。

《中国第十次北极科学考察报告》全面总结了本次考察任务的完成情况，展示了各学科考察工作取得的主要进展和初步成果。本报告的出版是全体考察队员和编写人员的智慧与心血的结晶，作为本次考察的领队和首席科学家，在报告即将出版之际，谨向参加中国第十次北极考察的全体同仁，向给予本次考察大力支持的领导、专家和有关组织管理单位、参加单位表示崇高的敬意和衷心的感谢！我们期待，考察报告能为今后开展北极调查研究以及更加科学高效地组织北极科学考察提供经验。

由于水平所限，考察报告对整个考察过程的描述和总结可能还不够翔实，认识还比较初步，不足和错误之处敬请专家和读者给予批评指正。

谨以本报告纪念在中国第十次北极考察中离开我们的 林学政 同志！

中国第十次北极科学考察队　　　　魏泽勋
领队兼首席科学家

2019 年 10 月

目　录

第1章
中国第十次北极科学考察概况

1.1 考察目标

在自然资源部批准的《中国第十次北极考察总体方案》中，设定的考察目标如下。

（1）围绕国家北极战略和需求，加快完善北极观/监测业务体系构建，通过对白令海、白令海峡、楚科奇海、巴罗海及其他北冰洋夏季开阔海域等我国北极考察重点区域进行业务化调查，推进我国极地业务化体系建设；

（2）获取海洋水文与气象、海洋地质、地形地貌、海洋生物与生态、海洋化学等环境要素相关数据，为掌握北冰洋海冰快速减少机理及其气候和生态效应、开展北极地区环境与气候综合评价奠定基础；

（3）深入开展北极相关海域生态环境和生物资源、新型环境污染物等北极国际治理议题相关的业务调查，为参与区域和全球性环境治理提供技术支撑；

（4）开展北极快速变化背景下的重大前沿科学研究。

1.2 考察内容

计划开展物理海洋、海洋气象、海洋化学、海洋生物与生态、海洋地质和地球物理等多学科综合考察，针对白令海、白令海峡、楚科奇海、楚科奇海台等 4 个主要考察海域，根据各考察海域设置不同的重点研究内容：

（1）北极海域海洋与气象环境要素综合调查

在考察海域设置考察断面，开展常规断面业务化调查，实施海洋站点的 CTD/LADCP/SVP 综合调查并完成水样采集；沿途进行气象要素和 ADCP 等走航观测，同时酌情布放探空气球、XBT/XCTD、表面漂流浮标等开展辅助调查；开展极区公海海域的水声环境长期观测和海洋光学观测。酌情在白令海和北冰洋开展锚碇潜标观测系统的布放/回收，在白令海公海和北冰洋开展水下滑翔机等新型无人平台自主观测。

（2）海洋地质与地球物理考察

重点在白令海、楚科奇海及其周边海域开展海底沉积物和水体悬浮颗粒物采样，掌握调查海域沉积物和悬浮颗粒物分布特征。在楚科奇海台和北风海脊等海底高地开展锰结核（类锰结核）和拖网调查，掌握调查海域构造演化特征。

在楚科奇海台和北风海脊根据冰情选择一个区域开展海底地形地貌探测，获取调查海域局域精细海底地形地貌资料，填补我国在北极相关资料的空白，同步进行声速剖面、重磁和热流等综合地球物理测量。

（3）海洋化学调查

在白令海、楚科奇海等重点区域，以海冰快速变化下碳通量和生物地球化学循环的响应为主线，开展海水化学要素、沉积化学、大气化学、海水酸化、二甲基硫、微量元素、人工核素、微塑料和有机污染物等的现场调查和观测。

（4）海洋生物生态调查

在白令海、楚科奇海等重点区域开展生态环境业务化监测。了解监测区域基础环境以及物种组成、群落结构等生物学特征；在浅水区开展底拖网调查，同步开展鱼卵仔稚鱼调查，其他海域根据船时择机开展深水拖网、钓具或笼壶调查。

（5）新型环境问题调查

在白令海、楚科奇海开展海水和沉积物（底栖生物）中微塑料监测，了解微塑料分布及污染水平；开展海水、沉积物和气溶胶中放射性水平监测，评价北极海域不同环境介质中人工放射性核素的水平；全程开展海洋酸化监测，评估北冰洋海域海洋酸化水平和分布。

1.3　考察队建制与总体执行情况

中国第十次北极考察队总人数为 78 人，包括：组织管理人员 6 人，其中专职管理人员 3 人，兼职管理人员 3 人；科考船船员 33 人；考察保障及支撑人员 13 人，其中专职人员 11 人，兼职管理人员 2 人；各学科专业组人员 31 人。

考察队设党委办公室和首席科学家助理，协助领队和首席科学家工作，考察队下设 4 个学科专业组。主要管理人员见表 1.3.1。

表1.3.1　考察队主要管理人员及责任岗位

Table 1.3.1　Main management personnel of the expedition team and their responsibilities

姓名	单位	职务
魏泽勋	自然资源部第一海洋研究所	领队兼首席科学家
陈红霞	自然资源部第一海洋研究所	首席科学家助理
张伟滨	自然资源部第一海洋研究所	党委办公室主任
俞启军	自然资源部第一海洋研究所	船长
黄　婧	中国极地研究中心	质量监督与数据管理员
何　琰	自然资源部第一海洋研究所	物理海洋与气象组组长
陈志华	自然资源部第一海洋研究所	地质地球物理组组长
庄燕培	自然资源部第二海洋研究所	海洋化学组组长
张武昌	中国科学院海洋研究所	海洋生物组组长
张彬彬	自然资源部第二海洋研究所	船实验室主任

全体考察人员名单详见附录。

2019 年 8 月 10 日，"向阳红 01"号科学考察船离开青岛国家深海基地管理中心码头，开始执行中国第十次北极考察任务。至 9 月 27 日结束，考察历时 49 天。"向阳红 01"号科学考察船总航行约为 10 300 n mile，最北到达 76°02′N。航次执行过程概述如下：

（1）2019 年 8 月 24—30 日，白令海海域作业。在白令海公海布放 3 套水下滑翔机、回收并布放水文锚碇潜标各 1 套、布放表面漂流浮标、释放海雾辐射气球；开展了白令海西部 BL 断面和北部 BS 断面的站点综合考察。

（2）2019 年 8 月 30 日—9 月 3 日，楚科奇海和楚科奇海台海域作业。在楚科奇海台南部公海回收并布放水文锚碇潜标各 1 套、布放冰 – 海适用性浮标、布放表面漂流浮标、开展了楚科奇海 R 断面和 M1 断面的站点综合考察、开展多金属结核拖网作业。

（3）2019 年 9 月 3—7 日，在 BT27 站作业过程中，因林学政同志突发疾病，考察队停止全部作业实施紧急抢救，并迅速驶往美国阿拉斯加 Wainwright 港寻求美国国际援救；抢救无效后按照国内指示，前往白令海做好停靠美国 Nome 港的准备。

（4）2019 年 9 月 7—9 日，在得知无法停靠美国 Nome 港后，按照国内指示，在返程途中开展白令海东部海域 BR 断面的站点综合考察。

（5）2019 年 9 月 9—25 日，因海况急剧恶化，遇到多个气旋，向南通过阿留申群岛返航，返航途中在北太平洋公海海域择机开展了海洋和大气观测。

（6）2019 年 9 月 25—27 日，通过大隅海峡经东海、黄海返回青岛。

图1.3.1 "向阳红01"号科学考察船

Figure 1.3.1 R/V *Xiangyanghong* 01

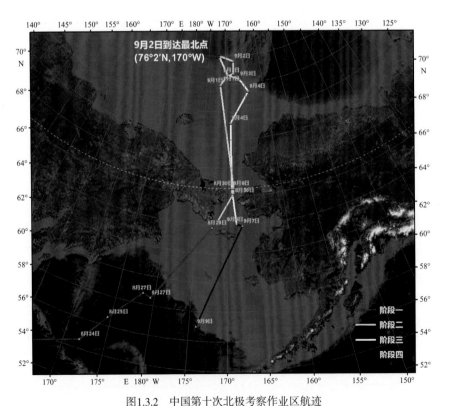

图1.3.2 中国第十次北极考察作业区航迹

Figure 1.3.2 Tracks of the CHINARE 10th Arctic Expedition

1.4 调查区域与调查概况

本航次调查区域主要在北冰洋－太平洋扇区，包括白令海、楚科奇海、楚科奇海台以及北太平洋等我国北极科学考察传统调查海域。中国第十次北极考察队工作量完成情况如下。

（1）物理海洋与气象组共完成了 6 条断面 58 个站位的水文多要素综合 CTD/LADCP/SVP 剖面观测，并为海洋化学、海洋生态和悬浮颗粒物等考察任务进行水样采集 13 330 L；

（2）地质地球物理组完成了重点站位中 29 个站位的海洋地质沉积物取样；

（3）海洋化学组完成了重点站位中 10 个站位的微塑料拖网取样；

（4）在船舶走航过程中开展了走航与抛弃式观测，具体类型与数量如表 1.4.1 所示，涉及各个学科共 21 项走航与抛弃式作业；

表1.4.1 各学科走航与抛弃式工作量一览
Table 1.4.1 List of underway and expendable observation

序号	学科	要素	累计工作量
1	物理海洋学	走航 ADCP	6160 n mile
2	物理海洋学	表层温盐观测	8018 n mile
3	物理海洋学	海表水质（叶绿素 *a* 浓度、浊度、溶解有机物浓度）	8018 n mile
4	物理海洋学	气温、相对湿度、气压和风速等船载气象观测	8378 n mile
5	物理海洋学	海表水体光谱	5108 n mile
6	物理海洋学	走航皮温	5002 n mile
7	物理海洋学	走航海雾	8302 n mile
8	地质地球物理	单波束测深仪	2650 n mile
9	地质地球物理	重力仪	947 n mile
10	地质地球物理	多波束测深仪	704 n mile
11	地质地球物理	浅地层剖面仪	704 n mile
12	海洋与大气化学	走航微塑料	73 份
13	海洋与大气化学	走航表层海水人工核素	58 份
14	海洋与大气化学	大气气溶胶	28 份
15	地质地球物理	表层悬浮体	76 份
16	海洋与大气化学	二氧化碳分压	25 820 条
17	海洋生物与生态	微型浮游动物样品	140 份
18	海洋生物与生态	叶绿素 *a* 走航	55 份
19	物理海洋学	XBT/XCTD	54 枚
20	物理海洋学	海雾探空气球	16 个
21	物理海洋学	表面漂流浮标	3 套

（5）完成了已有 2 套锚碇潜标观测系统的回收，并在白令海公海和楚科奇海布放锚碇潜标 2 套；

（6）在白令海、楚科奇海和楚科奇海台开展了 8 个站位的底栖拖网的调查；

（7）采用多波束测深仪和浅地层剖面仪同步观测，开展海底地形地貌调查累计 704 n mile；

（8）在白令海公海布放了 3 台水下滑翔机进行同步联合观测；

（9）其他甲板作业量还有：开展了21次底栖生物拖网（含8个站位的底质＋生物联合拖网）、18次浮游动物＋植物联合垂直拖网、11站次生物水平拖网和16次海雾探空观测等观测，布放1套冰－海适用性浮标。

获取基础数据约152 GB和各类样品逾6640份，为系统了解北冰洋重点海域的海洋环境和生态特征，掌握多尺度海－冰－气相互作用及其天气气候效应，评估中央航道的适航性，探索北冰洋海洋酸化、人工核素和微塑料分布等新型环境问题积累了观测数据。

1.5　船舶与实验室保障

"向阳红01"号科学考察船实验室13位专业设备操作及保障人员（表1.5.1），保障了31套调查设备的正常运行和调查任务的安全、顺利、高效实施。

图1.5.1　船实验室保障人员与考察队领导合影

Fig.1.5.1　Ship laboratory support personnel with the leader of the expedition

表1.5.1　"向阳红01"号科学考察船实验室人员

Table1.5.1　List of R/V *Xiangyanghong* 01 laboratory personnel

序号	姓 名	岗位
1	张彬彬	主任
2	邹海勇	水手长
3	胡 俊	数据管理员
4	赵国兴	样品管理员
5	李明杰	二管轮
6	卢永平	甲板作业
7	时广冬	甲板作业
8	袁庆树	甲板作业

序号	姓 名	岗位
9	陈志仁	机工
10	房力波	机工
11	郝文龙	水手
12	王 瑞	水手
13	赵 鹏	机工

实验室保障人员工作认真负责、合理规划，备航期间完成 3 套设备校检、4 套大型设备装船、4 套船载设备维修与安装、31 套设备航前检查，基础调查设备实现双备份；科学统筹各学科组装船时间，高效完成了考察队 743 件（套）设备和物质装船，140 件危化品交接管理。航次执行期间，实验室为考察任务实施提供了专业设备操作人员，承担了操控支撑系统操作与维护工作，提供了尾部 A 架、折臂吊、万米地质缆绞车、万米 CTD 绞车、CTD 行车吊等大型设备，保障完成了所有甲板作业；承担了专业船载调查设备的操作培训与设备保障工作，确保了高精度星站差分全球卫星定位与导航系统 LD7、运动姿态传感器 MRU、光纤罗经 Phins、万米温深盐仪及采水器 SBE 911 Plus、投放式海流剖面仪 WHS-300、声速剖面仪 SVP、船载声学多普勒海流剖面仪（300 kHz、75 kHz、38 kHz）、表层多要素、单波束测深仪 EA640、深水多波束 Seabeam3012、浅地层剖面仪 Topas18、海洋重力仪 AT1M、自动气象站、海气边界观测系统等设备的运行，提供导航定位、水体观测、地球物理、海表气象等数据 152 GB；蠕动泵全程连续运转提供表层海水，保障了十余项表层观测要素的数据与样品采集。根据样品存储条件要求，提供了相应的样品存储空间，保障了超低温冰箱、4℃样品库和 –20℃样品库的正常运行，样品管理员与考察队员对样品逐项进行出入库管理，实现了本航次千余份样品的高保真存储。

实验室从功能空间、专业人员配备、船载调查设备保障、操控支撑系统保障、样品库及样品管理运行等方面均提供了有力保障，为考察任务的实施提供有效支撑保障工作。

1.6 气象保障与观测

本航次气象海冰预报保障任务由国家海洋环境预报中心承担，现场执行人为蔡柯和买小平。

现场气象海冰保障人员的主要任务是每日进行常规气象海冰观测和发布航线未来 72 小时气象海冰预报，为航线规划、作业方案调整提供建议。气象海冰保障工作的主要目标是确保考察船避开恶劣天气和海况，充分利用有利的气象窗口进行考察作业，保障船舶航行安全和考察作业的顺利进行。

本航次共进行常规气象海冰观测 139 时次，接收国家海洋环境预报中心气象海冰预报图、日本气象传真图、美国 GFS 预报图、欧洲中心数值预报图、PassageWeather 气象预报图等各种气象海冰分析及预报图等合计 4909 张，收集 OceanView 气象导航数据 99 份，收集国家海洋环境预报中心 Ship 气象导航软件数据 79 份，发布"向阳红 01"号科学考察船天气海况预报 48 期。此外，国家海洋环境预报中心后方保障团队为本次北极考察提供预报服务专题信息 16 期。

1.6.1 气象预报保障

与以往北极航次相比较，中国第十次北极考察航次遭受强天气过程影响较多。自 8 月 10 日青岛启航以来，考察船在航线和作业区共遭遇 10 次强风浪天气过程，其中 3 次受台风、5 次受温带气旋影响、

2 次受强梯度风作用（表 1.6.1）。此外，考察船还经历了 7 次大雾和 6 次降水过程。

在保障过程中，两位现场预报员每日收集中国、欧洲、美国、日本等多个国家的气象海冰分析和预测数据，结合气象海冰实况和航行作业计划，分析未来天气变化，发布航线 72 小时气象海冰预报。在遭遇强天气系统影响时，两位现场预报员与后方气象预报保障团队及时沟通，加班加点会商未来天气，根据最新的预报资料和航行保障经验为"向阳红 01"号科学考察船提供科学安全的航行作业建议，保障船舶航行安全和考察作业的顺利进行。特别是，在北冰洋楚科奇海海域作业时两位现场预报员提出的调整航行线路和站位顺序的建议，有效地提升了作业效率，增强了航行安全性，保证了考察任务的顺利完成。

表1.6.1　考察航次遭遇的强风浪过程

Table 1.6.1　Record of strong winds and waves during expedition

时　间	航线天气系统	航行方案
8 月 10 日—8 月 12 日	台风"利奇马"（1909）	青岛胶州湾锚地避风
8 月 15 日—8 月 18 日	台风"罗莎"（1910）	台风尾部慢速行驶
8 月 25 日—8 月 26 日	东西伯利亚低压与白令海高压间强梯度风	调整作业方案，绕行
9 月 2 日—9 月 3 日	极地高压与白令海低压间强梯度风	调整作业方案，绕行
9 月 4 日—9 月 5 日	白令海强低压系统	穿行
9 月 7 日—9 月 8 日	白令海低压系统	穿行
9 月 11 日—9 月 12 日	台风"玲玲"（1913）、"法茜"（1915）转性形成的温带气旋	调整作业方案，绕行
9 月 14 日—9 月 16 日	日本东部生成的强低压系统	慢速绕行
9 月 17 日—9 月 19 日	热带扰动 98W	慢速绕行
9 月 21 日—9 月 23 日	台风"塔巴"（1917）和台风"琵琶"（1916）	调整航线，绕行

根据本航次考察特点以及所开展的气象保障工作，其气象状况将根据不同航段及作业期分别进行阐述，并且列出考察船遇到的强风浪过程。

（1）青岛－白令海走航期间（8 月 10 日—8 月 23 日）

"向阳红 01"号科学考察船于 8 月 10 日从青岛出发，在抵达白令海－楚科奇海作业区之前连续受到台风"利奇马"（1909）、"罗莎"（1910）的影响。8 月 10 日—8 月 12 日，考察船在青岛锚地受台风"利奇马"影响。8 月 15 日—8 月 18 日，考察船在朝鲜海峡及日本海航行期间受台风"罗莎"尾部风涌影响。

（2）白令海－楚科奇海作业期间（8 月 24 日—9 月 10 日）

"向阳红 01"号科学考察船在此期间共遭遇 4 次强风浪过程。8 月 25 日—8 月 26 日，考察船在白令海实施 BL 断面和潜标收放作业时受到东西伯利亚低压与白令海高压间强梯度风作用（图 1.6.1 左图）。9 月 2 日—9 月 3 日，考察船在北冰洋楚科奇海海域作业时遭受极地高压与白令海低压间强梯度风作用（图 1.6.1 右图）。9 月 4 日—9 月 5 日，考察船在穿越白令海峡时经历弱低压影响。9 月 7 日—9 月 8 日，考察船在白令海海域 BR 断面作业时经历白令海低压系统影响。

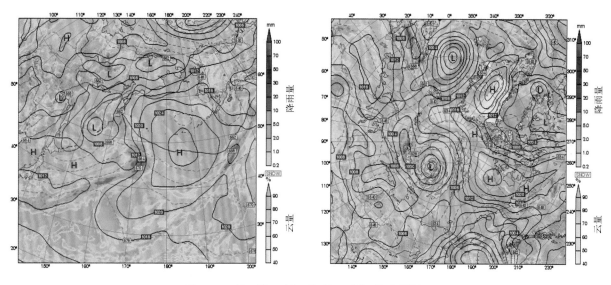

图1.6.1　8月26日06时和9月2日12时地面气象预报

Figure 1.6.1　Surface weather forecast map at 06 o'clock in August 26th and 12 o'clock in September 2nd

（3）太平洋 - 青岛走航期间（9月11日—9月27日）

"向阳红01"号科学考察船自南下太平洋至驶入青岛港共遭遇3次强风浪过程。9月11日—9月12日，考察船在阿留申群岛南部航行时遭受的强温带气旋影响，虽然9月10日便已驶离白令海并全速向南行驶，但仍未能脱离其影响范围，在9月11日—9月12日遭遇最大风力7级，最大涌浪3.5 m。9月14日—9月16日，考察船在北太平洋遭受日本东部生成的强低压系统影响。9月17日—9月19日，考察船在西北太平洋遭受热带扰动98°W北上形成的低压系统影响。在连续经历前两个低压系统后，考察船在西行航线上又遭遇了第3个低压影响。

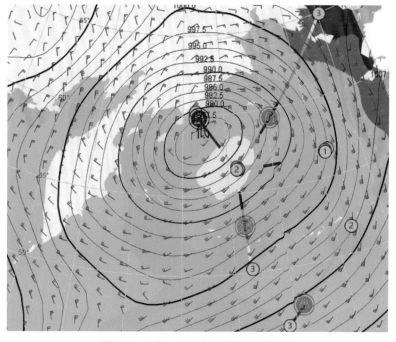

图1.6.2　9月11日00时地面风压海浪预报

Figure 1.6.2　Forecast chart of wind, pressure and wave at surface level at 0 o'clock in September 11th

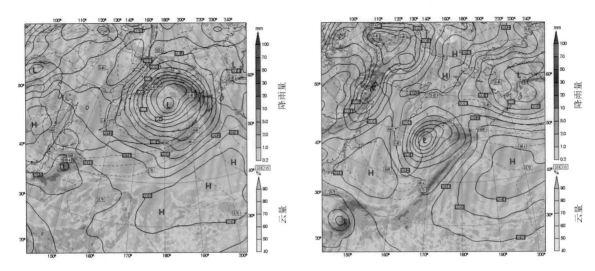

图1.6.3 9月12日00时和9月14日00时地面气象预报

Figure 1.6.3 Surface weather forecast map at 0 o'clock in September 12th and 0 o'clock in September 14th

1.6.2 海冰预报保障

鉴于"向阳红01"号科学考察船没有破冰能力,对海冰预报保障服务要求极高。在考察船航行期间,随船预报保障人员和国家海洋环境预报中心后方团队保持紧密联系,密切关注北极海冰的变化及考察船航行路线和作业站位的漂移海冰情况,及时向考察队报告最新冰情,考察队据此合理安排作业和航行计划。在考察队与海冰预报保障团队的紧密配合下,本次考察过程中未曾遭遇明显海冰影响,保障了考察船的航行和作业安全。海冰预报保障服务内容主要包括以下几个方面。

(1)在"向阳红01"号科学考察船出发前一个月,预报保障人员每周为考察队提供一期白令海和北冰洋太平洋扇区海冰预报和冰情分析服务(图1.6.4),并基于北极海冰历史卫星遥感数据,利用多元回归以及气候均态分析方法对2019年8月和9月北极海冰趋势进行了展望,为考察队制定计划提供了参考依据。

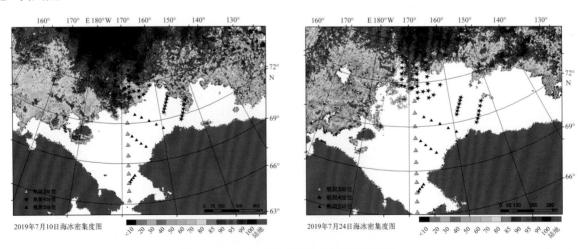

图1.6.4 2019年7月北太平洋扇区海冰密集度

Figure 1.6.4 Sea ice concentration in Pacific sector in July 2019

(2)"向阳红01"号科学考察船从青岛出发后,现场预报保障人员和后方团队保持紧密联系,时刻关注北冰洋作业区海冰情况,并及时向考察队汇报。在考察船进入北极圈后,现场保障人员向后方团队反馈航线上的海冰冰情。国内保障团队每日制作北极海冰遥感图像,传送至考察船供现场保障人员分析参考（图1.6.5）。例如，在考察船经由白令海峡返回白令海时，国内保障团队将疑似海冰的遥感卫星影像发送给现场预报员，现场预报员及时提醒考察队，规避了此次海冰威胁。

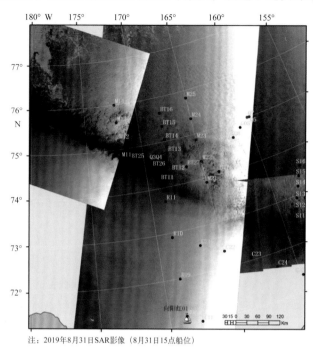

注：2019年8月31日SAR影像（8月31日15点船位）

图1.6.5　8月31日北冰洋作业海域卫星遥感SAR影像

Figure 1.6.5　SAR image of field work area in August 31st

（3）现场保障人员根据国家海洋环境预报中心自主研发的海冰预报模式结果（图1.6.6、图1.6.7），发布未来3天的航线海冰预报。国家海洋环境预报中心基于麻省理工学院通用环流模式（MITgcm）建立了冰－海洋耦合系统，以美国国家环境预测中心（NCEP）全球预报系统（GFS）资料为大气强迫，初始化使用德国不来梅大学AMSR2北极海冰密集度卫星资料，进行1～5天北极海冰预报。预报结果在近几次北极考察中都有应用，效果较好。

（4）综合分析。现场保障人员在收到国内团队发来的海冰实况和预报服务信息后，结合现场作业情况，及时向考察队反馈信息，并提醒考察队可能出现浮冰和流冰的海域。

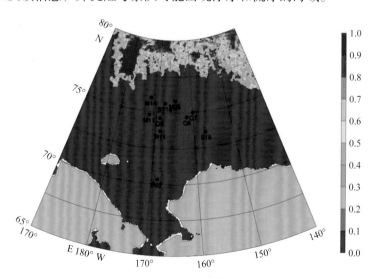

图1.6.6　8月28日北冰洋作业海域海冰密集度

Figure 1.6.6　Sea ice concentration of field work area in August 28th

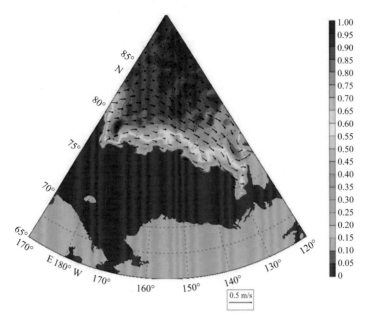

图1.6.7　8月29日00时北冰洋作业海域海冰漂移预报

Figure 1.6.7　Forecast chart of Sea ice drifting velocity of field work area at 0 o'clock in August 29th

1.6.3　气象海冰观测与分析

常规气象海冰观测是分析航次气象海冰条件的基础。在此次考察过程中，现场气象海冰保障人员每日00时、06时、12时进行人工气象海冰观测。

常规气象观测项目包括："向阳红01"号科学考察船所在经纬度、航向、航速、气温、气压、相对湿度、风向风速、能见度、天气现象、云状、浪高涌高等。海冰观测项目包括：海冰密集度、冰型、海冰发展阶段、冰厚、冰上积雪厚度、主要发展阶段密集度等，并针对不同冰型拍摄图片，收集整理后为以后的预报保障提供参考。

白令海 – 楚科奇海作业期间考察船共经历了4次强风浪过程，其中2次受气旋影响、2次受强梯度风作用，此外还遭遇了2次浓雾和1次降水过程。海平面气压变化幅度30 hPa（图1.6.8），最大海平面气压1024 hPa（8月24日00时），最小海平面气压994 hPa（9月7日12时）。

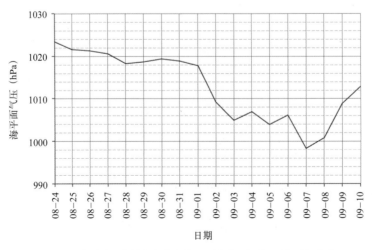

图1.6.8　白令海–楚科奇海作业期日平均海平面气压的时间变化

Figure 1.6.8　Time series of daily mean sea level pressure during field work period in Bering-Chukchi Seas

气温由南到北逐渐降低（图 1.6.9），气温变化幅度 14.7℃，最高气温 15.8℃（8 月 26 日 00 时），最低气温 1.1℃（9 月 2 日 06 时）。

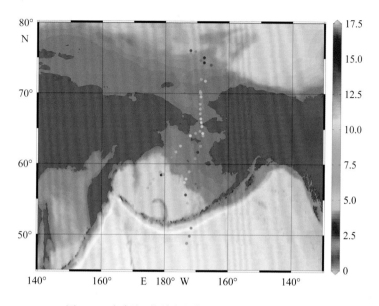

图1.6.9　白令海–楚科奇海作业期气温的航线分布

Figure 1.6.9　Air temperature distribution along the route during field work period in Bering-Chukchi Seas

航段主导风向为东和东南风，主导风力 4 ~ 5 级（图 1.6.10）。风速变化幅度 12.3 m/s，最大风速 13.8 m/s（9 月 7 日 06 时），最小风速 1.5 m/s（9 月 8 日 12 时）。

白令海 – 楚科奇海作业期间未观测到明显海冰。

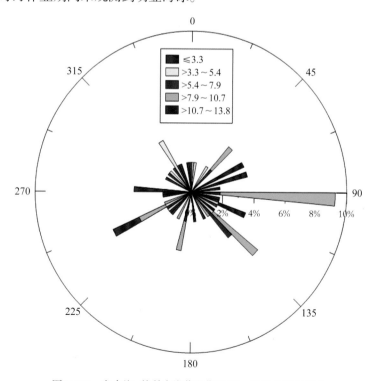

图1.6.10　白令海–楚科奇海作业期风速、风向的概率分布

Figure 1.6.10　Probability distribution of wind speed and direction during field work period in Bering-Chukchi Seas

1.7　质量控制与监督

1.7.1　随航质量控制与监督

本航次严格按照中国第十次北极考察质量管理方案开展航次质量监督管理。质量监督员的工作内容包括参与仪器的自校准（比对、比测）和仪器的期间核查，定期检查作业过程中工作日志、班报、相关原始记录，检查仪器故障情况记录和解决措施记录，检查采集样品现场预处理和储存是否符合技术规程规定，督促考察任务开展质量工作自查。针对质量监督员定期反馈的问题和不足，考察队领导及各学科负责人积极配合整改工作，确保整个航次任务的完成质量。主要内容如下。

（1）设立质量监督组

航次开始后，中国第十次北极考察队发文设立了质量监督组。按队发〔2019〕01号《关于中国第十次北极考察队成立内设组织机构的通知》，首席科学家助理陈红霞任质量监督组组长，组员包括随船质量监督员黄婧以及各学科组质量监督员：水文气象环境组何琰、地质地球物理组陈志华、海洋化学组庄燕培和海洋生物组林学政。

（2）组织开展检查意见整改

2019年8月15日，质量监督组依据航前专家意见检查整改情况，收集现场执行人的仪器操作资质信息，整理形成"中国第十次北极考察人员资质一览表"；收集考察仪器质控信息，整理形成"中国第十次北极考察计量仪器检定校准情况一览表"。

（3）各学科专业组质量控制

在航次任务正式启动前，各学科组针对本航次即将开展的各项工作，充分利用现有条件对不具备监测检测资质的调查队员进行理论与操作培训，对于影响到后续检测结果的样品采集、分配、包装、储存、运输等活动和环境因素进行了识别和指导。在考察队的统一组织下，于中国近海的试验作业点进行了全面的现场实际操作培训和演练。

在航次执行过程中，各学科根据数据质量和样品质量的需要，充分利用现有条件分别制定质量管理措施，开展了仪器的现场比测，对样品从采集、分配、分装、包装、保存、储放等环节进行控制，有条件现场检测的还进行了现场检测项目的内控样、外控样以及空白样的考核，没有条件现场检测的进行空白样、平行样和盲样设置。

为了加强现场分析的规范性，提高现场数据的准确度，质量监督组配备了若干标准海水样品，对海洋化学常规参数分析进行内控样和外控样考核。同时，对一些容易受背景值干扰的参数，增加现场空白样的采集密度。对温度、盐度和海流传感器等设备进行定期比测，并对比测结果详细记录，发现问题及时修正，确保航次的数据质量。

（4）定期、不定期检查各学科组质量控制情况

航次期间与安全检查一起采取定期巡查方式开展甲板作业面、实验室、样品储藏室的检查。

航次期间采取不定期抽查的方式开展考察过程的质量管理监督。检查内容包括考察各项目原始记录、调查规范、操作规程、工作日志、班报表、数据样品存储情况；检查考察各项目现场数据和样品分析处理、质量控制以及各作业组工作报告；针对考察现场调查过程以及数据分析、样品处理质量监督检查发现的问题，提出整改意见和建议，并监督落实。

图1.7.1　质量监督员进行全覆盖性质量检查

Figure 1.7.1　Quality supervision by quality supervisors on board

（5）进行作业期间和作业结束后的两次覆盖性检查

2019年8月22日至9月20日航次期间由质量监督组组长陈红霞和质量监督员黄婧对所有学科进行质量覆盖性检查，从航次质量检查出现问题整改情况、学科自查情况、原始记录（班报）记录情况、样品存储情况、数据获取情况等多方面进行覆盖性检查。

（6）完成随船质量监督员随航监督报告

航次质量检查结束后编制随船质量检查报告，包括质量监督情况、发现的问题以及建议等内容。

针对质量监督员定期反馈的问题和不足，考察队领导及各学科负责人积极配合整改工作，确保了本航次考察各项任务安全、高效、高质量的完成，也使各学科研究人员的质量意识有明显的提高，业务化调查工作的过程更加规范。

1.7.2　航前质量控制

中国第十次北极考察队从"人、机、料、法、环"5个方面明确质量监督管理分工要求，规范现场考察方法和技术要求。本航次具体质量控制与监督工作主要包括：

（1）依据自然资源部批复的《中国第十次北极考察总体工作方案》，成立了质量监督管理组织机构。设置了航次质量监督工作组，任命考察队质量监督员、专业组质量监督员和实验室保障员；

（2）依据"第十次北极考察航次质量管理与现场质量监督"实施方案，针对本次北极考察任务的目标，以自然资源部批准的《中国第十次北极考察总体工作方案》为基础，编写了《中国第十次北极考察质量管理方案》，制定了质量保障措施，明确了质量保障责任；

（3）组织航前质量培训。2019年8月8日开展质量管理培训，邀请专家专题讲解质量管理的基本知识和极地各学科考察的技术规程。

图1.7.2　首席科学家魏泽勋研究员在航前质量培训会上讲话

Figure 1.7.2　Wei zexun, Chief scientist, spoke in the pre-voyage quality training meeting

（4）实施航前质量检查。2019 年 8 月 9 日，国家海洋标准计量中心和自然资源部第一海洋研究所共同组织航前质量检查组，对考察队的组队和准备情况进行了质量检查。检查分室内材料检查和实验室现场检查两部分，分别检查了航次质量保障实施方案，查验了调查人员资质、仪器设备配置及量值溯源情况、标准物质、样品采集及储存方法、现场作业操作规程、船舶及实验室环境设施等。通过此次检查发现，考察队整体质量意识较以往有明显提高，质量保证准备工作组织较好，同时也提出了相应的整改意见。

图1.7.3　质量检查组组长秦平研究员率队在船实验室现场检查

Figure 1.7.3　Qin Ping, quality inspection team leader, led the team to conduct on-site inspection in the ship Laboratory

第2章

物理海洋和
海洋气象考察

2.1　考察目的和依据

近年来，北极环境发生着快速变化，北极升温速率远高于全球平均状况，呈现放大效应。北极海冰变化与海洋和大气环境的变化密切相关，又通过全球大气、海洋环流的经向输送与低纬度地区紧密联系起来。越来越多的研究表明北极气候变化和海冰减少与北美和欧亚大陆的冷冬及雪暴等极端天气存在密切的关系，甚至会影响我国冬季季风和华北地区的雾霾扩散。极地环境的变化与地球其他区域的变化息息相关。

海冰减少导致进入上层海洋的太阳辐射能量增加，并且海冰的融化使得上层海洋的淡水含量增加，从而引起北冰洋上层海洋结构发生变化；同时，上层海洋变化又会对海冰减少产生正反馈。研究表明，次表层暖水的增加能够推迟冬季海冰的形成，太平洋入流水引起的海面热通量的增加是加拿大海盆区海冰大幅减少的一个主要因素。

太平洋扇区作为我国北极考察的重点调查海区，是北极海冰减退最为严重的区域。太平洋入流水是北冰洋上层海洋的重要组成部分，近年来，流量和热通量持续增加，分布也在不断变化。作为营养盐、热量和淡水的主要来源，太平洋水对北极海冰、生态系统和气候具有重要的影响。

当前北极处于快速变化的过程中，北极气温升高显著，夏季海冰退缩剧烈，大尺度海洋环流和水文特征也都发生了变化，北冰洋的盐跃层在过去十几年里经历了逐渐消退和部分恢复，有研究推测，太平洋入流水的变化很可能是导致盐跃层变化的重要因素之一。开展物理海洋学大面观测、长期锚碇观测、抛弃式观测、走航观测等收集包括海水温、盐、深、流速等数据，将为探究太平洋入流水的变化及其对北冰洋海洋环境变化过程所产生的影响、太平洋入流水与西北冰洋海冰退缩之间的关系等问题提供依据。

伴随北极航运的开发和"冰上丝绸之路"的兴起，极地日益呈现出巨大的商业利益和战略价值。随着极地水文环境的变化，水声环境也在变化。开展极区海域水声环境观测与声场特性研究对全球气候变化、极区海洋生态环境保护和防灾减灾等具有重要意义。

另外，在气候变暖背景下北极海雾的频发极大地影响着航运。海雾的形成是气 – 冰 – 海之间相互作用的结果，其极大地影响着局地的海 – 气热通量、海冰的能量平衡等过程。依托探空气球携带的海雾能见度辐射剖面仪开展北冰洋海雾观测将为我们提供大气中海雾的详细信息，而海洋中的光学观测仪将提供水文的变化信息，从而使我们能够构建一个从大气到海洋整体的能量传递过程，为刻画海雾的形成及其所带来的影响提供数据基础。

北冰洋是全球四大洋中最小、最浅、最冷、盐度最低的大洋和气候变化的敏感区，全球变暖背景下，北极海洋生态系统的演变特征受到广泛的科学关注。在该领域的研究中，卫星光学遥感凭借其长时序、大范围同步观测的技术优势，发挥了不可或缺的重要作用。但是光学遥感模型的建立离不开海洋 – 大气现场观测数据的支撑。因此，获取北极海域的海洋 – 大气光学数据，将为叶绿素 a 浓度卫星遥感反演模型的研究积累基础数据。

鉴于上述背景，本调查以北冰洋太平洋扇区为重点观测海区，以上层海洋为重点观测对象，开展了业务化调查，关注太平洋水的通量及特性变化，以期加深对北冰洋尤其是上层海洋结构及变异的认识，更好地理解北极气候和环境的快速变化，为我国北极迫切的声学研究需求提供必要支撑，为遥感反演提供现场数据，为国家安全和航道利用提供有效保障。

本航次物理海洋和海洋气象考察的主要内容依据国家科研项目"极地考察业务化与科研""极区海

域水声环境观测与声场特性研究""主被动光学遥感反演北冰洋叶绿素 *a* 浓度""北极海冰快速减退条件下上层海洋热含量变化和结冰析盐过程引起的冰洋相互作用研究""海洋水色遥感：辐射传输与大气校正""北冰洋波弗特流涡系统海洋表面驱动力变化及海洋内部调整过程的研究"和"冰下水声信道特性及水声通信技术研究"等确定。

2.2　调查内容

　　根据不同的调查介质类型和所在的不同层面以及采取的不同调查方式，物理海洋和海洋气象考察分为水文、气象、海洋遥感和海洋声学 4 个部分。具体调查内容如下。

　　（1）重点海域断面业务化观测。对北冰洋重点海域、北冰洋边缘海重点海域考察断面和站点进行 CTD/LADCP 剖面数据采集，同时进行采水作业；使用海水声速观测设备（SVP）对重点海域开展声速剖面数据采集。择机开展水色要素观测和站位光谱观测。

　　（2）锚碇潜标长期业务化观测。在楚科奇海和白令海进行锚碇潜标的回收和布放作业，开展北上航线（白令海）和北极航道（楚科奇海）海洋水动力环境定点长期连续观测。

　　（3）水下滑翔机观测。在白令海利用水下滑翔机对白令海海盆和陆坡区海域的水文环境从表层到 1000 m 深度进行连续、高密度温盐的剖面观测。

　　（4）抛弃式观测。以 XBT、XCTD、表面漂流浮标、冰 – 海适用试验型浮标为主体，在航渡和定点作业期间对典型现象和特征过程进行观测。使用我国自主研发的海雾能见度辐射剖面仪对北极以及北太平洋海雾的垂向辐射特性进行了重点观测。

　　（5）走航观测。海洋表层是大气与海洋间水汽和能量相互交换的传输界面，而温度和盐度又是海 – 气系统变化过程的关键要素。在航渡期间利用船载 SBE45 观测设备，对走航期间海洋表层温度和盐度要素进行业务化连续观测。利用船载 ADCP 在北冰洋公海区开展海洋上层海洋流速业务化观测。利用多参数水质仪、走航光谱仪 SAS、ASD 光谱仪等，在"向阳红 01"号科学考察船航行过程中开展了海表叶绿素 *a* 浓度、溶解有机物浓度、浊度的走航观测、海面光谱测量、水色组分浓度和吸收系数等测量。

2.3　重点海域断面业务化观测

　　中国第十次北极考察通过对白令海、白令海峡、楚科奇海、楚科奇海台、北太平洋等重点海域开展断面观测，获取北极航道及亚极地重点海域海洋水文基本环境信息。本航次共完成 58 个站位的 CTD/LADCP/SVP 作业，其中白令海 34 站位，楚科奇海 11 站位，楚科奇海台 13 站位；完成 48 站位水色要素观测；完成 19 站位光谱观测。

2.3.1　调查人员

（1）CTD/LADCP/SVP 观测

　　这一工作的项目牵头单位是自然资源部第一海洋研究所，来自国内 5 个科研院校的 8 名考察队员参加了这项工作。调查人员分为两个小组轮流完成此项工作，如表 2.3.1 所示。钟文理与杨廷龙负责后期的图件绘制与报告编写工作。

表2.3.1　重点海域断面调查人员

Table 2.3.1　Team members of section survey in key areas

第一组		第二组	
组长	何 琰	组长	徐滕飞
组员	杨廷龙	组员	崔凯彪
组员	焦晓辉	组员	吕连港
组员	周鸿涛	组员	钟文理

（2）水色要素观测

表2.3.2　海面光谱观测人员及航次任务情况

Table 2.3.2　Information of scientists of the spectral water-leaving radiance observation

考察人员	作业分工
李 豪	海表颗粒物吸收系数、溶解有机物吸收系数、颗粒物浓度、叶绿素 a 浓度测量
崔廷伟	次表层海水颗粒物吸收系数、溶解有机物系数测量

图2.3.1　海水样品采集

Figure 2.3.1　Seawater sampling

图2.3.2　水样过滤

Figure 2.3.2　Water sample filtration

（3）站位光谱观测

表2.3.3　海面光谱观测人员及航次任务情况

Table 2.3.3　Information of scientists of the spectral water-leaving radiance observation

考察人员	作业分工
崔廷伟	仪器参数设置；数据采集、处理与分析
李 豪	观测几何调节；数据采集、处理与分析

2.3.2　调查设备与仪器

（1）SBE 911 Plus CTD

重点海域断面观测的主要仪器之一为美国海鸟公司生产的 SBE 911 Plus CTD 温盐深观测系统。这一系统由"向阳红01"号科学考察船实验室提供并送往原厂进行了标定。系统主要包括：双温度双电导率探头，多种传感器探头的自容式主机系统、泵循环海水系统、专用通讯电缆、固体存储器、RS232接口和电磁采水系统。系统安装了双温度、双电导、溶解氧、压力、叶绿素和高度计多个传感器。主要技术参数如表2.3.4所示。

图2.3.3　SBE 911 Plus CTD观测系统

Figure 2.3.3　SBE 911 Plus CTD system

表2.3.4　SBE 911 Plus CTD温盐深系统技术指标

Table 2.3.4　Specification of the SBE 911 Plus CTD

观测变量	测量范围	精度	24 Hz 分辨率
温度 /℃	−5 ~ +35	0.001	0.0002
电导率 /S·m⁻¹	0 ~ 7	0.0003	0.000 04
深度 /m	0 ~ 6800	0.015% 全量程	0.001% 全量程

（2）声学多普勒海流剖面仪（Lowed-ADCP）

海流观测设备是由美国 RDI 公司生产，型号是 Workhorse Sentinel 300 KHz，由"向阳红01"号科学考察船实验室提供。在本航次中，使用的观测方式是与 SBE 911 Plus CTD 捆绑一起下放（图 2.3.4）。

图2.3.4　固定于CTD观测系统内的LADCP

Figure 2.3.4　LADCP tied on CTD observation system

在作业中，LADCP 从船上施放，从海表面下到预定深度。在下降和上升期间连续采集相对仪器的流速剖面。如果下放到最低点时可以收到海底的反射回波，数据处理可以使用改进的底跟踪模式，使数据的反演精度大大提高。

LADCP 具有自容能力，数据存储于仪器内部记忆卡内，下放中由仪器内部电池提供工作电源，具体参数如表 2.3.5 所示。

表2.3.5　LADCP性能参数

Table 2.3.5　Specifications of LADCP

层厚	0.2 ~ 16 m
层数	1 ~ 128 层
工作频率	300 kHz
测量流速范围	± 5 m/s（默认）；± 20 m/s（最大）
精度	± 0.5% ± 5 mm/s
速度分辨率	1 mm/s
最大倾角	15°
最大耐压深度	6000 m

（3）SVP 声速仪

海水声速观测设备是英国 Valeport 公司生产的声速仪（MIDAS SVP）。该设备由"向阳红 01"号科学考察船实验室提供。在本航次中的观测方式是与 SBE 911 Plus CTD 捆绑一起下放。声速仪为自容观测，数据存储于仪器内部记忆卡内，下放时由仪器内部电池供电。该设备的传感器包括声速、温度和压力，主要技术参数如表 2.3.6 所示。

表2.3.6　声速仪技术指标

Table 2.3.6　Specification of the SVP

观测变量	测量范围	精度	分辨率
声速 / (m/s)	1400 ~ 1600	± 0.03	0.001
温度 / ℃	−5 ~ 35	± 0.01	0.002
深度 / m	0 ~ 6000	0.01% 全量程	0.001% 全量程

（4）分光光度计

利用分光光度计，进行水色组分吸收系数测量采集。

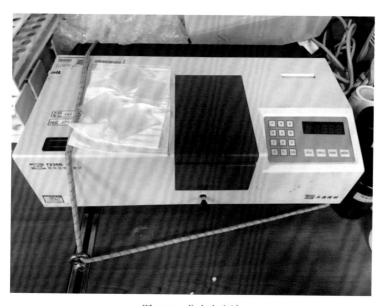

图2.3.5　分光光度计

Figure 2.3.5　Spectrophotometer

（5）ASD 光谱仪

利用 ASD 光谱仪，采用水面之上法进行海面光谱数据采集。ASD 光谱仪光谱测量范围 350 ~ 2500 n mile，可见光 – 近红外波段光谱分辨率为 1 n mile。

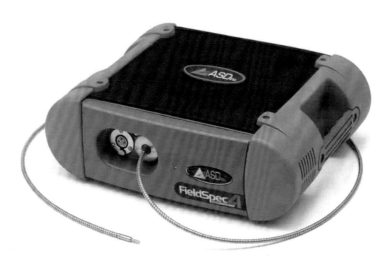

图2.3.6　ASD光谱仪

Figure 2.3.6　ASD spectrometer

2.3.3　调查站位与工作量

（1）CTD /LADCP/SVP 观测

本航次自 2019 年 8 月 24 日至 9 月 8 日共完成 CTD/LADCP/SVP 剖面观测 58 个站位。站位分布与详细作业信息见图 2.3.7 和表 2.3.7。

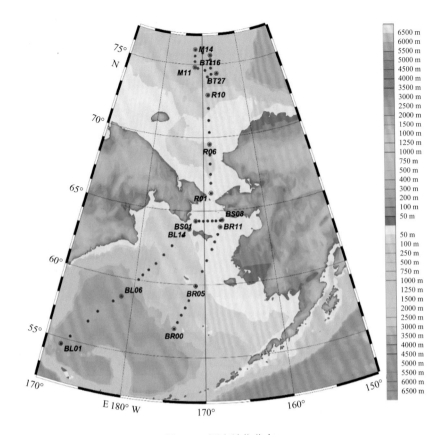

图2.3.7　调查站位分布

Figure2.3.7　Positions of investigation stations

表2.3.7　调查站位信息

Table 2.3.7　The information of the investigation stations

序号	站位	纬度	经度	日期	时间	当地水深（m）	作业内容
1	BL01	54.584°N	171.871°E	2019-08-24	6:33	3910	★▲◆●
2	BL02	55.267°N	172.777°E	2019-08-24	12:58	3889	★▲◆●
3	BL03	56.568°N	174.571°E	2019-08-24	23:29	3812	★▲◆●
4	BL04	57.393°N	175.605°E	2019-08-25	7:25	3778	★▲◆●
5	BL05	58.298°N	177.419°E	2019-08-25	17:53	3749	★▲◆●
6	BL06	58.722°N	178.420°E	2019-08-27	0:03	3721	★▲◆●
7	BL07	60.036°N	179.513°W	2019-08-27	13:42	1521	★▲◆●
8	BL08	60.399°N	179.001°W	2019-08-27	17:22	505	★▲◆●
9	BL09	60.797°N	178.211°W	2019-08-27	21:39	157	★▲◆●
10	BL10	61.286°N	177.240°W	2019-08-28	2:33	118	★▲◆●
11	BL11	61.926°N	176.175°W	2019-08-28	7:22	98	★▲◆●
12	BL12	62.593°N	175.010°W	2019-08-28	12:18	71	★▲◆●
13	BL13	63.290°N	173.437°W	2019-08-28	18:19	67	★▲◆●
14	BL14	63.767°N	172.408°W	2019-08-28	22:07	44	★▲◆●

序号	站位	纬度	经度	日期	时间	当地水深（m）	作业内容
15	BS01	64.322°N	171.390°W	2019-08-29	2:48	41	★▲◆●
16	BS02	64.334°N	170.821°W	2019-08-29	4:43	40	★▲◆●
17	BS03	64.328°N	170.129°W	2019-08-29	6:30	43	★▲◆●
18	BS04	64.331°N	169.407°W	2019-08-29	8:21	40	★▲◆●
19	BS05	64.330°N	168.709°W	2019-08-29	10:12	40	★▲◆●
20	BS06	64.329°N	168.110°W	2019-08-29	12:04	36	★▲◆●
21	BS07	64.334°N	167.452°W	2019-08-29	14:02	31	★▲◆●
22	BS08	64.365°N	167.121°W	2019-08-29	15:14	31	★▲◆●
23	R01	66.211°N	168.753°W	2019-08-30	2:09	55	★▲◆●
24	R02	66.894°N	168.748°W	2019-08-30	5:37	44	★▲◆●
25	R03	67.495°N	168.750°W	2019-08-30	9:16	50	★▲◆●
26	R04	68.193°N	168.761°W	2019-08-30	13:06	57	★▲◆●
27	R05	68.806°N	168.747°W	2019-08-30	17:14	55	★▲◆●
28	R06	69.533°N	168.751°W	2019-08-30	21:09	51	★▲◆●
29	R07	70.333°N	168.750°W	2019-08-31	2:08	40	★▲◆●
30	R08	71.173°N	168.755°W	2019-8-31	7:17	49	★▲◆●
31	R09	71.993°N	168.737°W	2019-8-31	11:55	50	★▲◆●
32	R10	72.898°N	168.745°W	2019-8-31	16:34	61	★▲◆●
33	R11	74.156°N	168.754°W	2019-08-31	23:56	180	★▲◆●
34	BT26	74.605°N	169.324°W	2019-09-01	4:19	199	★▲◆●
35	BT13	74.746°N	167.857°W	2019-09-01	7:59	259	★▲◆●
36	BT14	75.034°N	167.816°W	2019-09-01	11:16	162	★▲◆●
37	BT15	75.337°N	167.807°W	2019-09-01	14:34	170	★▲◆●
38	BT16	75.641°N	167.817°W	2019-09-01	18:09	190	★▲◆●
39	M15	75.818°N	169.870°W	2019-09-01	22:40	582	★▲◆●
40	M14	76.034°N	171.980°W	2019-09-02	2:51	2009	★▲◆●
41	M13	75.607°N	171.996°W	2019-09-02	10:56	1492	★▲◆●
42	M12	75.207°N	172.009°W	2019-09-02	14:47	477	★▲◆●
43	M11	74.803°N	171.995°W	2019-09-02	18:08	326	★▲◆●
44	BT25	74.741°N	171.211°W	2019-09-02	21:00	259	★▲◆●
45	BT12	74.322°N	167.817°W	2019-09-03	5:55	266	★▲◆●
46	BT27	74.350°N	166.443°W	2019-09-03	9:40	283	★▲◆●

序号	站位	纬度	经度	日期	时间	当地水深（m）	作业内容
47	BR11	63.901°N	167.478°W	2019-09-06	14:02	35	★▲◆●
48	BR10	63.401°N	167.939°W	2019-09-06	18:11	33	★▲◆●
49	BR09	62.907°N	168.427°W	2019-09-06	21:15	40	★▲◆●
50	BR08	62.405°N	168.897°W	2019-09-07	1:12	35	★▲◆●
51	BR07	61.653°N	169.677°W	2019-09-07	6:14	44	★▲◆●
52	BR06	60.905°N	170.354°W	2019-09-07	11:10	51	★▲◆●
53	BR05	59.899°N	171.307°W	2019-09-07	17:26	70	★▲◆●
54	BR04	58.907°N	172.254°W	2019-09-08	0:25	98	★▲◆●
55	BR03	58.405°N	172.735°W	2019-09-08	4:20	107	★▲◆●
56	BR02	57.902°N	173.226°W	2019-09-08	7:32	118	★▲◆●
57	BR01	57.405°N	173.698°W	2019-09-08	11:27	134	★▲◆●
58	BR00	56.953°N	174.091°W	2019-09-08	15:53	1675	★▲◆●

注：该数据以物理海洋站位信息记录表为基础，经纬度数据为作业时船舶所在位置。

水深数据为船载测深仪加上 5.6 m 船体吃水深度。

★ CTD 剖面观测，▲ LADCP 剖面观测，◆ CTD 采水，● SVP 声速剖面观测。

（2）水色要素观测

水色要素观测共完成 48 站位观测，站位图（图 2.3.8）和站位表（表 2.3.8）如下。

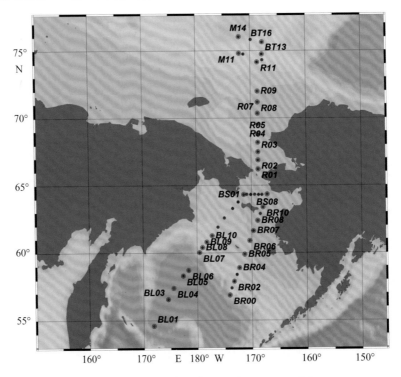

图2.3.8　水色组分浓度和光谱吸收系数观测站位

Figure 2.3.8　Sampling sites of ocean color constituent concentration and spectral absorption coefficient

表2.3.8　水色组分浓度和光谱吸收系数站位信息

Table 2.3.8　Information of sampling stations of concentrations of ocean color constituents and spectral absorption coefficient observation

序号	站位	纬度	经度	日期	水深 (m)
1	BL01	54.584°N	171.870°E	2019-08-24	3910
2	BL03	56.569°N	174.571°E	2019-08-25	3812
3	BL04	57.393°N	175.605°E	2019-08-25	3778
4	BL05	58.300°N	177.400°E	2019-08-25	3749
5	BL06	58.722°N	178.420°E	2019-08-27	3721
6	BL07	60.036°N	179.513°W	2019-08-27	1521
7	BL08	60.400°N	179.000°W	2019-08-27	505
8	BL09	60.798°N	178.210°W	2019-08-27	157
9	BL10	61.286°N	177.240°W	2019-08-28	118
10	BL11	61.925°N	176.175°W	2019-08-28	98
11	BL12	62.593°N	175.008°W	2019-08-28	71
12	BL13	63.293°N	173.438°W	2019-08-28	66
13	BL14	63.767°N	172.407°W	2019-08-28	44
14	BS01	64.323°N	171.393°W	2019-08-29	42
15	BS02	64.333°N	170.820°W	2019-08-29	35
16	BS03	64.328°N	170.128°W	2019-08-29	44
17	BS04	64.330°N	169.405°W	2019-08-29	41
18	BS05	64.327°N	168.708°W	2019-08-29	40
19	BS06	64.328°N	168.105°W	2019-08-29	36
20	BS08	64.365°N	167.117°W	2019-08-29	31
21	R01	66.210°N	168.752°W	2019-08-30	55
22	R02	66.892°N	168.747°W	2019-08-30	43
23	R03	67.500°N	168.750°W	2019-08-30	50
24	R04	68.192°N	168.758°W	2019-08-30	57
25	R05	68.810°N	168.745°W	2019-08-30	55
26	R06	69.540°N	168.748°W	2019-08-30	51
27	R07	70.340°N	168.748°W	2019-08-31	41
28	R08	71.173°N	168.752°W	2019-08-31	49
29	R09	71.993°N	168.735°W	2019-08-31	51
30	R11	74.155°N	168.752°W	2019-09-01	183
31	BT13	74.745°N	167.853°W	2019-09-01	252
32	BT16	75.642°N	167.818°W	2019-09-01	188
33	M15	75.818°N	169.870°W	2019-09-01	582

序号	站位	纬度	经度	日期	水深（m）
34	M14	76.036°N	172.008°W	2019-09-02	2009
35	M11	74.803°N	171.994°W	2019-09-02	326
36	BT25	74.740°N	171.210°W	2019-09-02	257
37	BT12	74.322°N	167.815°W	2019-09-03	265
38	BR10	63.400°N	167.937°W	2019-09-06	33
39	BR09	62.907°N	168.427°W	2019-09-06	40
40	BR08	62.405°N	168.897°W	2019-09-07	35
41	BR07	61.653°N	169.677°W	2019-09-07	43
42	BR06	60.905°N	170.353°W	2019-09-07	52
43	BR05	59.900°N	171.307°W	2019-09-07	71
44	BR04	58.907°N	172.253°W	2019-09-08	98
45	BR03	58.405°N	172.735°W	2019-09-08	103
46	BR02	57.902°N	173.225°W	2019-09-08	118
47	BR01	57.405°N	173.700°W	2019-09-08	134
48	BR00	56.875°N	174.049°W	2019-09-08	1684

（3）站位光谱观测

站位光谱观测共完成 19 站位，站位图（图 2.3.9）和站位表（表 2.3.9）如下。

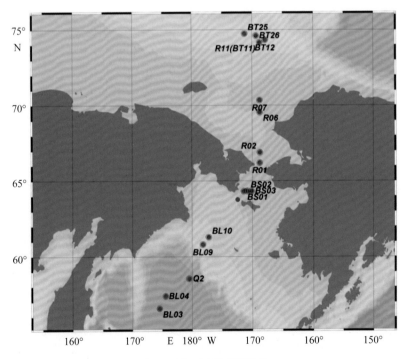

图2.3.9　海面光谱观测站位

Figure 2.3.9　Sampling sites of spectral water-leaving radiance observation

表2.3.9　海面光谱观测站位信息

Table 2.3.9　Information of sampling stations of spectral water-leaving radiance observation

序号	站位	纬度	经度	日期	水深（m）	风速（m/s）
1	BL03	56.569°N	174.571°E	2019-08-25	3812	6.9
2	BL04	57.393°N	175.605°E	2019-08-25	3778	10.0
3	Q2	58.546°N	179.540°E	2019-08-26	/	/
4	BL06	58.722°N	178.420°E	2019-08-27	3721	8.9
5	BL09	60.798°N	178.210°W	2019-08-27	157	7.8
6	BL10	61.286°N	177.240°W	2019-08-28	118	6.8
7	BL14	63.767°N	172.407°W	2019-08-28	44	6.6
8	BS01	64.323°N	171.393°W	2019-08-29	42	5.0
9	BS02	64.333°N	170.820°W	2019-08-29	35	5.4
10	BS03	64.328°N	170.128°W	2019-08-29	44	4.6
11	R01	66.210°N	168.752°W	2019-08-30	55	4.0
12	R02	66.892°N	168.747°W	2019-08-30	43	5.4
13	R06	69.540°N	168.748°W	2019-08-30	51	5.4
14	R07	70.340°N	168.748°W	2019-08-31	41	11.2
15	BT13	74.745°N	167.853°W	2019-09-01	252	10.6
16	BT26	74.607°N	169.320°W	2019-09-01	199	9.2
17	R11	74.155°N	168.752°W	2019-09-01	183	8.9
18	BT25	74.740°N	171.210°W	2019-09-02	257	3.8
19	BT12	74.322°N	167.815°W	2019-09-03	265	7.8

2.3.4　调查数据／样品初步分析结果

（1）重点海域温盐深观测（CTD）

在 8 月 30—31 号期间，"向阳红 01"号科学考察船向北行驶穿越白令海峡进入北冰洋。自白令海峡口到楚科奇海北部，考察队进行了 R 断面的 CTD 观测。

从图 2.3.10 中可以看到，R 断面水深 20 m 处存在一个强盐跃层，其上为暖而淡的水体，其下为冷而咸的水体。20 m 以浅暖而淡的水体应为海冰融化的水体和河流径流的混合水体，太阳辐射能是其热量的主要来源。在 69.5°N 左右 20 m 以深，可以看到南北向的温度存在一个明显的分界线，在分界线以南为太平洋夏季暖水，分界线以北为太平洋冬季水（温度接近冰点）。

从 R 断面还可以看到，在 R05、R06 这两站的温盐性质与其邻近站位的性质差异显著。这两站表层的暖水性质一直影响到底层，而其表层的盐度却又明显低于其周围站位。其具体原因有待进一步研究。这里存在以下几种可能，其一是这两站捕捉到了一个涡旋，其二是这两站的位置位于太平洋入流分支发生转向的区域，有可能该暖核水体处于太平洋入流的一个分支核心处。

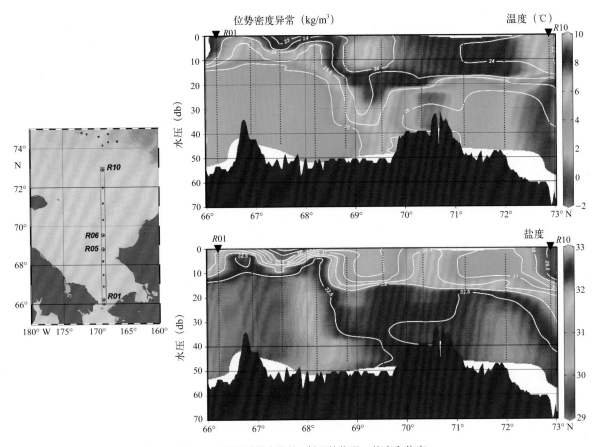

图2.3.10　贯穿楚科奇海的R断面的位温、盐度和位密

Figure 2.3.10　The potential temperature, salinity and potential density of the R section through Chukchi sea

　　本航次首次在白令海东部开展了南北向断面观测（图2.3.11），从南北向的温度断面中可以看到，温跃层位于40 m左右，温跃层之上温度可达10℃以上，温跃层之下温度迅速降低到6℃以下。在该断面最北的BR10站位由于水深较浅，表层混合过程直达海底，温盐混合均匀。60°N大致为白令海陆坡流与白令海陆架水的分界线，从盐度断面可以看到，60°N以南为相对高盐的白令海陆坡流（流向沿着白令海陆坡呈东南－西北向），其核心在TS散点图显示为温度4.1℃，盐度33.6。60°N以北为相对低盐的白令海陆架水，夏季融冰水和育空河淡水的注入为其提供了低盐性质。由于观测时期处于9月上旬，太阳辐射加热上层海洋使其升温显著，在白令海东断面没有看到任何白令海陆架冷水团的性质，这可能是由于表层混合过程充分发展侵蚀了冷水团，导致陆架上次表层水体温度都在2℃以上。

　　本航次还对楚科奇海台及其周边海域进行了重点观测。在楚科奇海台其上层海洋受太平洋入流水所调控，而中层为来自大西洋的暖咸水体。

　　这里我们选取其中一个典型站位M15来进行分析。M15站位位于楚科奇海台西部。从其温盐剖面图（图2.3.12）可以看出，其100 m以浅为太平洋水的性质，即表层低盐；由于该站所处位置海冰完全融化，其表层温度在1℃左右。在80 m深处可见一温度极大值，表现为太平洋夏季水的性质。100 m以深，温度和盐度都逐渐升高，在180 m处存在一温度峰值，此处应为大西洋水在陆坡上涌所致。在280 ~ 400 m之间可见温盐双扩散对流阶梯结构，既有小阶梯，又有大阶梯，这是在楚科奇海台及其周边典型的温盐结构。

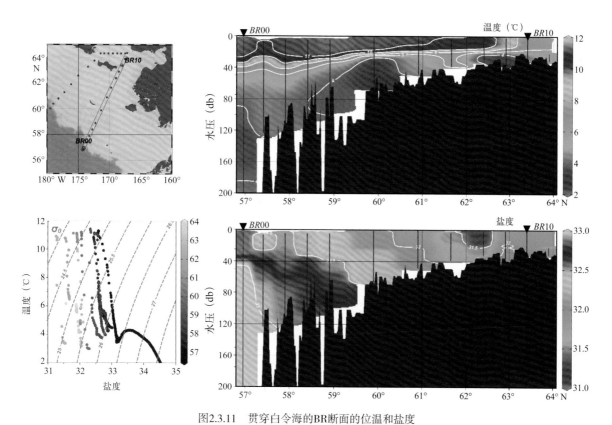

图2.3.11　贯穿白令海的BR断面的位温和盐度

Figure 2.3.11　The potential temperature and salinity of the BR section through Bering Sea

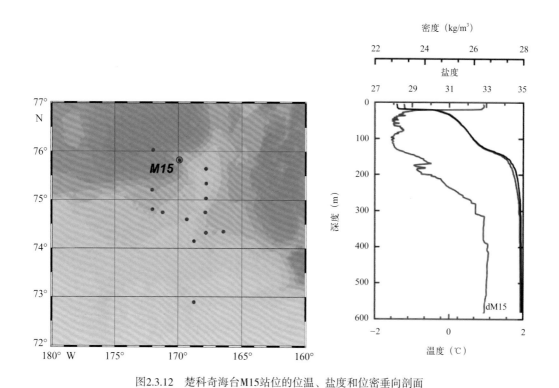

图2.3.12　楚科奇海台M15站位的位温、盐度和位密垂向剖面

Figure 2.3.12　Vertical profiles of potential temperature, salinity,and potential density at station M15 in Chukchi sea

（2）重点海域海流观测

本航次 LADCP 的仪器设置分为浅水和深水两种模式，深水站设置层厚 4 m、层数为 28；浅水站设置层厚 2 m、层数为 54。利用 LADCP_SOFTWARE_IX8-1 的 MATLAB 程序包对 LADCP 数据进行处理。

图 2.3.13 为处理后的 BL11 站和 BL12 站的海流剖面结果，从两站海流剖面等示例信息来看，数据观测的质量较高，目标回波强度较大，海流剖面的东分量和北分量（红，绿）的连续性也较强。

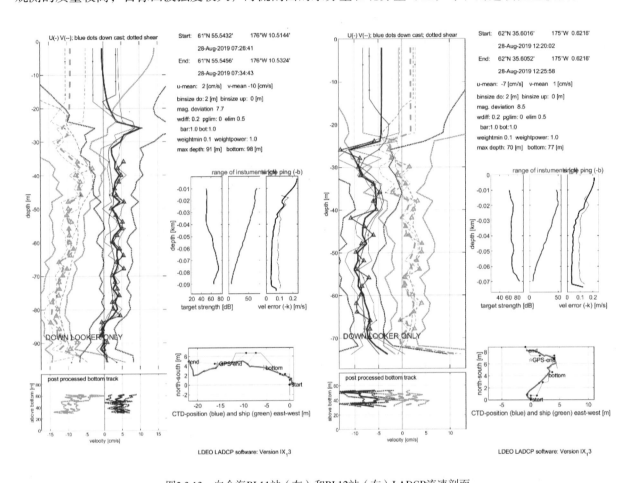

图2.3.13 白令海BL11站（左）和BL12站（右）LADCP流速剖面

Figure 2.3.13   Velocity profiles of sea current at station BL11 and station BL12 in the Bering Sea

BL11 站海流剖面结果显示此地以南向流为主，东西向流速较弱。在表层至 25 m 左右，南向流比较均匀，流速为 9 cm/s；在 30 m 处，出现流速极大值，流速达到 12 cm/s，随后，流速随深度变化不大，主要表现为正压流，流速在 10 cm/s 左右。

BL12 站海流剖面结果显示在观测时间段内，BL12 站以西向流为主，南北向流速较弱。在表层至 25 m 左右，西向流比较均匀，流速为 4 cm/s，在 26 m 处，出现流速极大值，流速超过 10 cm/s，在这之后，流速随深度的增加而减小。

（3）重点海域声速观测

图 2.3.14 给出几个站位的声速剖面。在白令海（BL04 站、BL11 站），上层声速约为 1490 m/s，

最小声速（低于 1460 m/s）位于 40 ~ 60 m 深度。在北冰洋，表层海上的声速约为 1440 m/s，最小声速位于 40 m 深度。

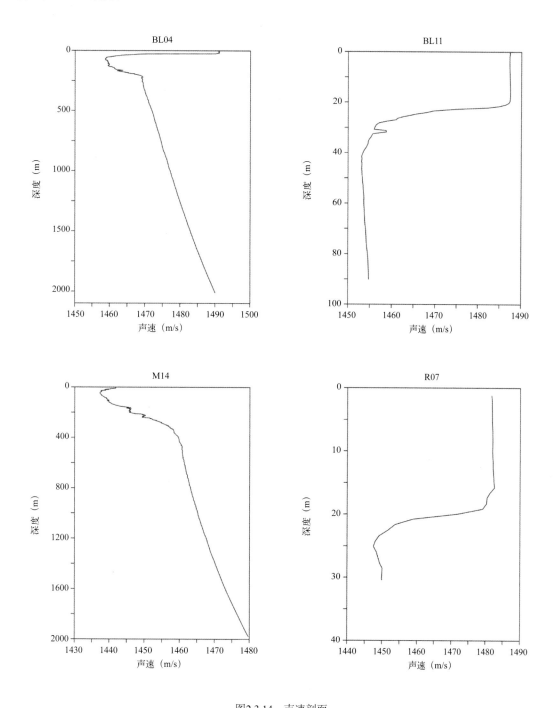

图2.3.14　声速剖面

Figure 2.3.14　Sound speed profiles at some stations

　　白令海峡口到北楚科奇海的 R 断面海水声速分布特征与温度的分布特征类似，上层海水声速高，下层海水声速低。站位 R05 和站位 R06 高声速的特征明显且影响至海底。从温盐断面分析可知，R05 站位和 R06 站位表现出了高温的特征。由此可见，温度的变化对于声场特征有很大的影响。

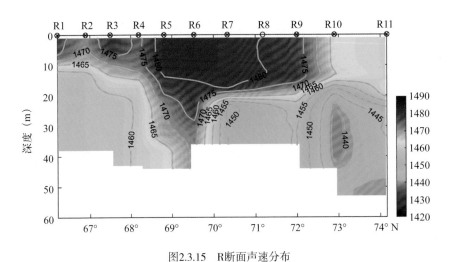

图2.3.15　R断面声速分布

Figure 2.3.15　Sound speed distribution in section R

（4）站位光谱观测

　　利用 ASD 光谱仪，在白令海、楚科奇海等海域进行了海面光谱测量，获得了 19 个站位的离水辐亮度光谱数据，图 2.3.16 展示了 4 个示例站位（BL10，BS02，Q2，R02）的归一化离水辐亮度光谱测量结果。由图 2.3.16 可知，归一化离水辐亮度绝对值较低，都小于 5 mw/(cm^2·μm·sr)，符合大洋一类水体的光谱特征；在叶绿素强吸收波段（443 n mile、670 n mile）并无明显波谷，说明水体叶绿素浓度较低；765 n mile 波段的归一化离水辐亮度均小于 1 mw/(cm^2·μm·sr)，说明水体悬浮物浓度较小。

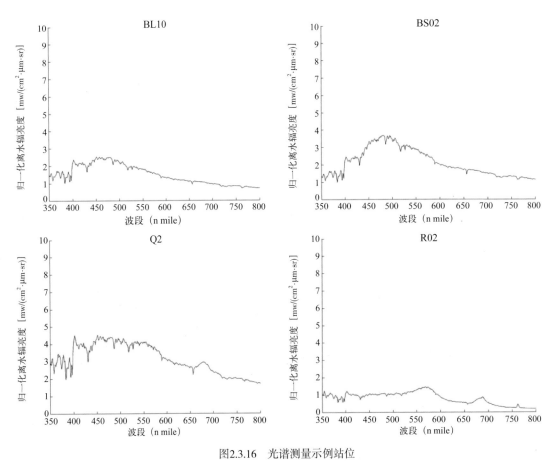

图2.3.16　光谱测量示例站位

Figure 2.3.16　Spectral water-leaving radiance of sampling sites

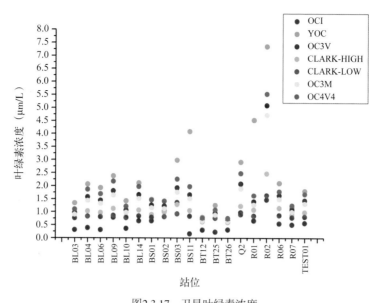

图2.3.17 卫星叶绿素浓度

Figure 2.3.17 Satellite chlorophyll concentration

2.4 锚碇潜标长期业务化观测

锚碇潜标观测是目前获取定点长期连续水文资料的一种最为有效的观测方式。本航次在楚科奇海、白令海回收了2套锚碇水文潜标，并布放了2套锚碇水文潜标，为我国开展北极环境业务化观测提供了基础资料和有力保障。

2.4.1 执行人员

锚碇潜标布放和回收得到"向阳红01"号科学考察船实验室和甲板部的大力支持和协助。本航次参与锚碇潜标观测的作业人员及分工见表2.4.1。

表2.4.1 锚碇潜标观测作业人员及分工
Table 2.4.1 Team members and positions of subsurface mooring observation

考察人员	作业分工
陈红霞	现场指挥
时广冬、袁庆树	操作绞车和 A 架
张彬彬、邹海勇、高呈山、李明杰	甲板指挥及仪器吊放
何 琰、焦晓辉、杨廷龙、徐腾飞	前期准备、信号测试、设备设置、更换电池等
房立波、王 瑞、周鸿涛、吕连港、崔凯彪、钟文理、赵 鹏、赵国兴、卢永平、胡 俊、张伟滨、崔廷伟、李 豪等	甲板面作业：仪器起吊和释放，安装或拆卸仪器、浮球；设备连接、缆绳连接、回收或布放等

2.4.2 调查设备与仪器

（1）潜标结构

本航次在白令海回收的深水锚碇潜标结构示意图如图 2.4.1 所示，在白令海布放的水锚碇潜标结构示意图如图 2.4.2 所示，在楚科奇海回收和布放的潜标结构示意图如图 2.4.3 所示。

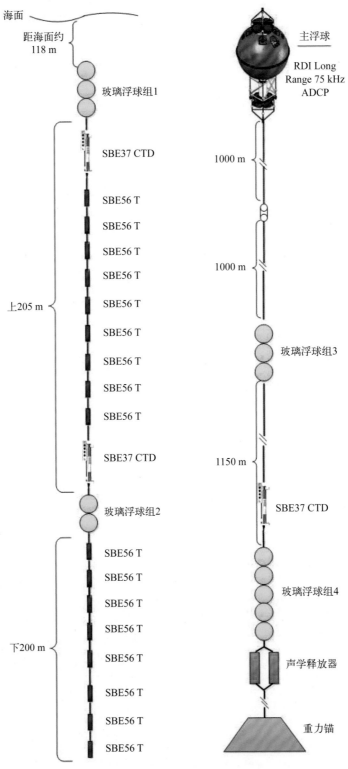

图2.4.1　白令海回收潜标结构示意图

Figure 2.4.1　Recovered submersible mooring system in Bering Sea

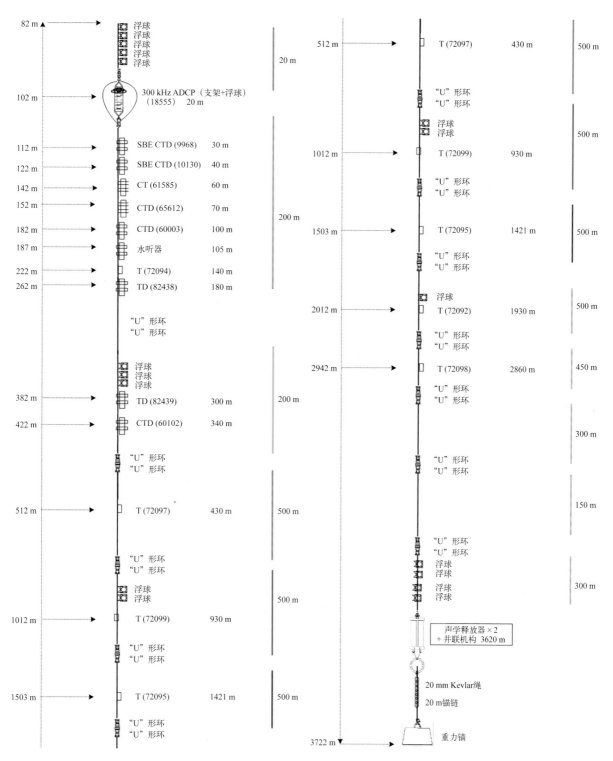

图2.4.2 白令海布放潜标结构示意

Figure 2.4.2 Deployed submersible mooring system in Bering Sea

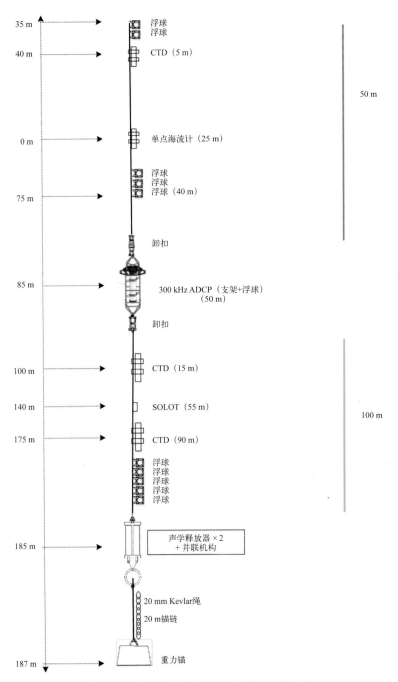

图2.4.3 楚科奇海回收和布放的潜标结构示意

Figure 2.4.3 Recovered and deployed submersible mooring system in Chukchi Sea

（2）调查设备

锚碇潜标搭载的仪器主要包括温盐深仪（CTD）、温深仪（TD）、温度仪（T）、声学多普勒流速剖面仪（ADCP）、单点海流计、沉积物捕获器、声学释放器等。在航次开始前，传感器均送往天津市国家海洋标准计量中心进行标定。主要仪器技术指标如下。

声学释放器。型号：ORE 8242XS；负载：5.5 T；耐压：6000 m；长度：94.6 cm；空气中重量：36 kg，水中重量：28 kg；材质：镍铝铜以及钛；电池寿命：2 年。

图2.4.4 ORE 8242XS通用性型释放器

Figure 2.4.4 Releaser of ORE 8242XS universal

ADCP。型号：WHS-150；耐压深度：1500 m；测量范围：宽带模式270 m，大量程模式270 m；流速测量精度：±0.5%V±0.5 cm/s（其中V为流速）；流速分辨率：1 mm/s；流速范围：±5 m/s（默认值），±20m/s（最大值）；发射频率：1 Hz；内存：标准256 MB存储卡。

图2.4.5 WHS-150型ADCP

Figure 2.4.5 ADCP of WHS-150

温盐深仪类型1。型号：SBE37-SM CTD；温度测量范围：-5 ~ 35℃；温度分辨率：0.0001℃；盐度（电导率）测量范围：0 ~ 70 mS/cm；盐度（电导率）分辨率：0.0001 mS/cm；压力测量范围：250 m（塑料壳体），7000 m（钛合金外壳）；压力分辨率：0.002%满量程。

图2.4.6 SBE37-SM型 CTD

Figure 2.4.6 SBE37-SM CTD

温盐深仪型号类型1。型号：RBRconcerto CTD；长490 mm，直径63.5 mm；温度测量范围-5 ~ 35℃，准确度±0.002℃；电导范围0 ~ 85 mS/cm，准确度±0.003 mS/cm；深度准确度±0.05%；耐压740 m。

图2.4.7　RBR concerto型CTD

Figure 2.4.7　RBR concerto CTD

温度仪。型号：SBE56 T；测量范围：−5 ~ +45℃；精度：± 0.002℃；稳定性：0.0002℃ / 月；分辨率：0.0001℃；供电：3.6 V AA Saft LS14500；数据存储：1590 万个；最大工作水深：1500 m；重量：空气中 0.2 kg，水中 0.05 kg。

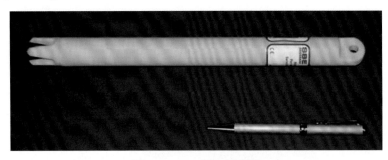

图2.4.8　SBE56型 T 温度仪

Figure 2.4.8　SBE56 T

2.4.3　调查站位与工作量

本航次在白令海、楚科奇海共成功回收和布放 2 套锚碇潜标。具体回收和布放位置信息见表 2.4.2 和图 2.4.9 所示。

白令海回收的潜标总长 3595 m，搭载的仪器包括 75 kHz ADCP 2 台，SBE 37 CTD 3 台，SBE 56 T 17 个，释放器 2 台，玻璃浮球 13 个。该套潜标于 2018 年 9 月 10 日布放，2019 年 8 月 27 日回收，获得 351 天的多层位温、盐、流场数据。

白令海布放的潜标总长 3640 m，搭载的仪器包括 ADCP 1 台，CTD 5 台，CT 1 台，TD 2 台，T 6 台，释放器 2 台，玻璃浮球 15 个。2019 年 8 月 27 日成功布放。

楚科奇海潜标总长约 150 m，搭载的仪器包括 ADCP 1 台，单点海流计 1 台，CTD 3 台，T 1 台。2018 年 9 月 4 日布放，2019 年 9 月 1 日成功回收，获得 361 天的多层位温、盐、流场数据。更新维护后，2019 年 9 月 3 日重新布放。

表2.4.2　潜标回收和布放位置信息

Table 2.4.2　Information of submersible mooring stations

序号	海域	纬度	经度	水深 (m)
1	白令海（回收）	58.502°N	179.505°E	3713
2	白令海（布放）	58.731°N	178.375°E	3722
3	楚科奇海（回收）	74.620°N	169.040°W	187
4	楚科奇海（布放）	74.622°N	169.139°W	191.8

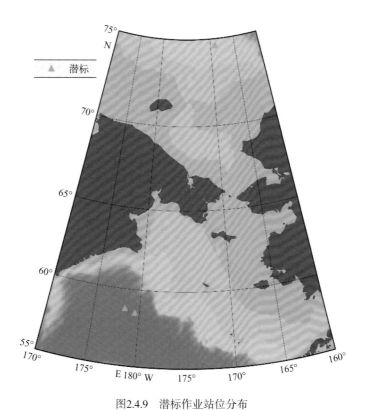

图2.4.9　潜标作业站位分布

Figure 2.4.9　Positions of submersible mooring stations

2.4.4　调查数据/样品初步分析结果

回收的楚科奇海潜标位于楚科奇海北部陆架区，图 2.4.10 为 2018 年 9 月 5 日至 2019 年 9 月 1 日，175 m 层 CTD 获取的深度、温度、盐度和密度数据的时间序列曲线图。

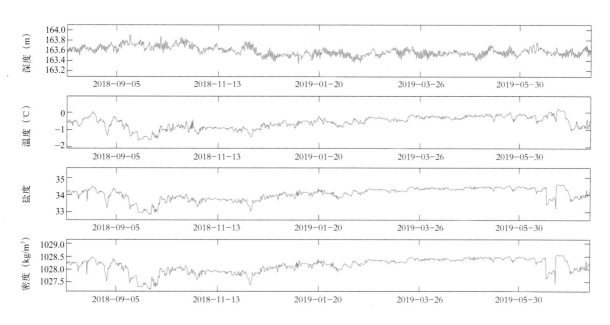

图2.4.10　楚科奇海潜标175 m层温度、盐度、深度、密度时间序列变化

Figure 2.4.10　Time series of temperature, salinity, depth and density at the 175 m of the submersible mooring in the Chukchi Sea

由图 2.4.10 可见，该海域 175 m 深度仍主要受源自太平洋的水体控制。年平均温度为 –0.5705℃，盐度 34.0412，密度 1028.1 kg/m³。从图中还可以看出，温度、盐度和密度的变化趋势基本一致，海冰冻结期间（1—6 月）由于表层被海冰覆盖，水体特征趋于稳定；融冰季节初期，盐度的降低是导致密度变小的主要原因。随着太阳辐射增强，海冰剧烈融化，该海域成为开阔水域，局地风场对海洋的能量输入导致了海洋的垂向混合增强，但表层的影响几乎无法传到近底层的水体，温、盐特征主要受平流影响。

2.5　水下滑翔机观测

本航次在白令海公海区成功布放 3 台水下滑翔机，开展了平均航时 22 d/ 台、总航程 1193.6 km 的同步联合观测，共获取 390 组剖面数据。

这是我国首次在极地考察中开展水下滑翔机同步联合观测。拓展了我国在白令海海盆的观测范围，获取了白令海盆东西连续、高密度水文观测数据。

2.5.1　执行人员

滑翔机观测现场作业人员及具体分工见表 2.5.1。

表2.5.1　滑翔机观测作业人员及分工
Table 2.5.1　Team members and positions of gilder observation

考察人员	作业分工
陈红霞	方案设计、现场指挥
俞启军、段平平	船舶协调
焦晓辉、杨廷龙	室内操作
徐腾飞	联络员
时广冬	操作绞车和 A 架
张彬彬、邹海勇、李明杰、房立波、王　瑞	甲板指挥及滑翔机吊放
何　琰	甲板沟通、滑翔机上电
周鸿涛、吕连港、崔凯彪、钟文理、卢永平、袁庆树、赵　鹏、赵国兴、郝文龙等	滑翔机组装、现场布放支撑作业
庞　岭、辛爱学、杨自立、宋庆月、李先宏、龚　强	岸基操控及服务保障

2.5.2　调查设备与仪器

本航次选用的水下滑翔机是由天津大学研制的"海燕 –1500"型滑翔机，可集成多种传感器，模块化控制，能够通过铱星通讯修改内设程序，根据现场情况灵活控制。通过平均 22 天的水下观测，可以看到，"海燕"水下滑翔机表现出高可靠性和良好的操控性。支撑服务团队专业高效，在前期理论培训、现场实操训练和任务执行整个过程中都表现出较高的政治素养、较强的责任性和专业能力。

滑翔机搭载的 RBR legato3 CTD 具体指标见表 2.5.2。

表2.5.2　RBR legato3 CTD性能参数

Table 2.5.2　Specifications of RBR legato3 CTD

指　标		RBR legato3
耐压深度		1000 m
电导率 / 盐度	原理	电感式
	测量范围	0 ~ 85 ms/cm
	测量精度	± 0.003 ms/cm
	稳定性	0.010 ns/cm（每年）
	分辨率	0.001 ms/cm
盐度	测量范围	（−5 ~ +35℃）
	测量精度	± 0.002℃
	稳定性	0.002℃（每年）
	分辨率	0.000 05℃
	响应时间（63%）	~ 1s（标准型）~ 0.1s（定制）
深度 / 压力	测量范围	0 ~ 1000 m
	测量精度	0.05%FS
	稳定性	0.1%FS（每年）
	分辨率	0.001%FS
	响应时间（63%）	<0.01 s
采样频率		2 Hz（16 Hz 可选）
泵		无，自动冲洗
电压		4.5 ~ 30 VDC
功耗		45 mW（2 Hz 采样）
		18 mJ/ 样本（1 HZ 采样）
尺寸		50.8 mm × 177.8 mm
重量		DRY BAY: 0.34 kg（空气中）
		WET BAY: 0.61 kg（空气中）
外壳		OSP

　　本次水下滑翔机观测最大深度 1011.2 m，3 台都搭载了 RBR CTD，其中 1 台还搭载了 RBR 的溶解氧传感器。

图2.5.1　3台滑翔机和布放现场

Figure 2.5.1　Three gliders and deployment snapshot

2.5.3 调查站位与工作量

3台滑翔机自8月25日至2019年9月15日，平均运行22 d/台，总航程1193 km，在白令海公海区获取390个剖面，成功实现了我国极地考察首次多台水下滑翔机同步联合观测，开展了白令海海盆东侧的国内首次观测并获取了白令海盆东西连续、高密度水文观测数据。运行轨迹图见图2.5.2。

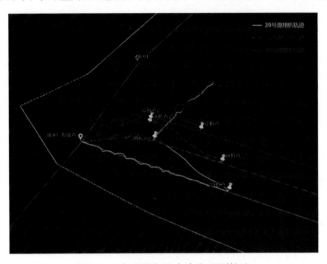

图2.5.2 水下滑翔机白令海观测轨迹

Figure 2.5.2 Tracks of gliders in the Bering Sea

2.5.4 调查数据/样品初步分析结果

白令海是海上丝绸之路北上航段的必经之路，是连接北冰洋与太平洋的重要海区。白令海盆是营养物质的主要源地，是世界渔业资源最丰富的海域之一。白令海环境变化可直接影响汇入北冰洋的水体性质，进而影响北极海洋环境，因此白令海一直是我国北极科学考察的重点调查区域。我国历次北极科学考察均开展了纵跨白令海海盆和陆坡区断面重复调查。

本航次布放的3台水下滑翔机获取了横跨白令海东西两侧连续、高密度观测数据。图2.5.3为本次考察中37号水下滑翔机在陆坡区获取的1000 m以浅的温度和溶解氧断面分布图。其中，0～50 m深度段由于数据下载密度原因，存在缺少现象。

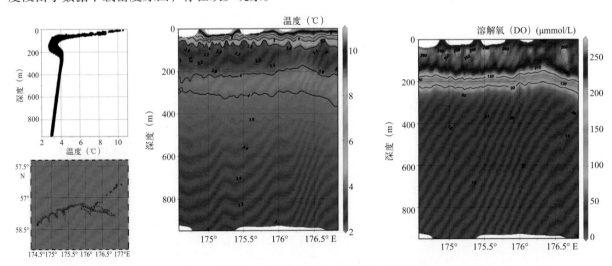

图2.5.3 白令海37号滑翔机观测断面温度和溶解氧分布

Figure 2.5.3 Distribution of temperature and DO obtained by the No.37 gilder in the Bering Sea

依据温度分布可以看出，垂向上水体分为4层。表层水体温度较高，基本在10℃以上，混合层深度约为25 m；25～50 m温度较高，温跃层梯度较大，且温跃层深度从西向东逐渐加深，在177°E附近深度可达100 m左右；在50～200 m水层中存在一个温度低于4℃的冷水团，该冷水团为白令海盆冷水团，横跨白令海海盆区。在我国以往的考察结果中，该水团一般被认为是深度介于50～200 m、温度低于3℃的由冬季残留水形成的水体，本次观测的水团边界温度有所升高，这也许与观测的日期较以往考察晚了一个多月有关；其下方的水体温度略微增高，且随深度逐渐降低。

白令海的上层同样是高溶解氧特征，在50 m深度左右出现最大值（大于260 μmol/L），之后随深度的增加逐渐减小。溶解氧浓度在200 m深度迅速变小，等值线也表现出了由西向东逐渐加深的趋势。220 m以下的溶解氧数值小于100 μmol/L，400 m以深的溶解氧数值基本小于μmol/L。

从组队观测得到的100 m温度分布图（图2.5.4）中可以看到，白令海海盆冷水团的核心位于海盆的西部，等温面向东南方向加深。结合CTD站位观测结果可以得出，该冷水团核心位于海盆西北部。

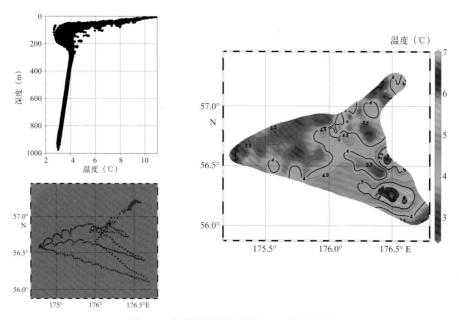

图2.5.4　白令海滑翔机观测100 m层温度分布

Figure 2.5.4　Distribution of temperature at 100 m layer measured by the gilders in the Bering Sea

2.6　抛弃式观测

本航次抛弃式观测由以下几部分组成：

（1）抛弃式温盐深（XBT/XCTD）业务观测

抛弃式温盐深（XBT/XCTD）业务观测在"向阳红01"号科学考察船走航阶段进行，重点布放于中央航道区域、白令海公海和西北太平洋（亲潮区域），以补充航行或冰区无法下放CTD进行观测的站位。

（2）表面漂流浮标观测

由于观测资料的缺乏，目前人们对白令海北部和楚科奇海北部陆架区海洋表层的环流结构仍然不太清楚。而且，太平洋水穿过白令海峡到达楚科奇海北部的时间也不确定。因此，有必要通过表层漂流浮标了解北冰洋海域，特别是楚科奇海北部的环流结构。本考察航次共投放了3枚表面漂流浮标，其中1枚布放在白令海，2枚布放在楚科奇海。

图2.6.1　XBT/XCTD抛弃式观测现场工作照
Figure 2.6.1　In situ deployment of XBT/XCTD

（3）海雾辐射观测

为了深入理解海雾在北极以及北太平洋气冰海系统对太阳辐射衰减过程的重要作用，本航次使用我国自主研发的海雾能见度辐射剖面仪对北极以及北太平洋海雾的垂向辐射特性进行了重点观测。

（4）冰－海适用试验型浮标

近些年，伴随着极地科考事业的不断发展，极地海冰浮标技术的研制和开发将会面临更高层次的挑战和发展机遇。在未来，我们将对极地海冰浮标进行标体整体结构性的优化，其结构设计将趋于小型化、轻型化，并且加强其结构的机械强度，适应海冰的变化和极地恶劣的环境。因此，研发冰－海适用型浮标对持续获取海洋浅表层参数等数据，增加极地海冰浮标的工作寿命时长，对研究海冰的生长和消融有重大的意义。

2.6.1　执行人员

（1）抛弃式温盐深（XBT/XCTD）业务观测

XBT/XCTD 抛弃式观测任务由中国极地研究中心负责，自然资源部第一海洋研究所、自然资源部第三海洋研究所、中国海洋大学和浙江大学等单位参与。主要工作人员如表 2.6.1 所示。

表2.6.1　XBT/XCTD执行人员
Table 2.6.1　Operating personnel for XBT/XCTD

序号	姓名	承担考察任务	单位
1	何琰	组长	自然资源部第一海洋研究所
2	吕连港	校对	自然资源部第一海洋研究所
3	徐腾飞	数据整理与报告编写	自然资源部第一海洋研究所
4	崔凯彪	布放与数据整理	中国极地研究中心 / 太原理工大学
5	钟文理	XBT/XCTD 布放	中国海洋大学
6	周洪涛	XBT/XCTD 布放	自然资源部第三海洋研究所
7	焦晓辉	XBT/XCTD 布放	Louisiana State University/ 浙江大学
8	杨廷龙	XBT/XCTD 布放	自然资源部第一海洋研究所

（2）表面漂流浮标观测

投放者：崔凯彪、徐腾飞、周鸿涛

记录者：崔凯彪

数据校对与处理：崔凯彪

（3）海雾辐射观测

海雾辐射剖面观测需要使用探空气球将海雾辐射剖面仪携带穿过雾层，从而记录不同高度的太阳短波辐射能以及温度、湿度等。每次布放过程需要 2 ～ 3 名队员参与，现场负责人为中国海洋大学钟文理，周鸿涛、崔凯彪、许明珠、江泽煜、蔡柯、何琰、黄婧等队员参与了现场观测。

（4）冰 - 海适用试验型浮标

投放者：崔凯彪、徐腾飞、周鸿涛

记录者：崔凯彪

数据校对与处理：崔凯彪

2.6.2　调查设备与仪器

（1）抛弃式温盐深（XBT/XCTD）业务观测

中国第九次北极科考使用的抛弃式温盐深仪（XCTD）探头为日本 TSK 公司生产的 XCTD-1 型，船速低于 12 kn 时观测量程为 1000 m 深度。抛弃式温深仪（XBT）为日本 TSK 公司和美国 Lockheed Martin Sippican 公司研制的 T-7 型 XBT 探头。

XBT 和 XCTD 采用通用的 TS-MK150N 采集器。

表2.6.2　T-7型抛弃式温深仪（XBT）参数
Table 2.6.2　Specification of XBT with T-7 sensor

传感器	量程	精度
温度	-2 ～ 35 ℃	± 0.1 ℃
深度	768 m	2%或 5 m

表2.6.3　XCTD-1型抛弃式温深仪（XCTD）参数
Table 2.6.3　Specification of XCTD with XCTD-1 sensor

传感器	量程	分辨率	精度	响应时间
电导率	0 ～ 7 S/m	0.0017 S/m	± 0.003 S/m	0.04 s
温度	-2 ～ 35 ℃	0.01 ℃	± 0.02 ℃	0.1 s
深度	1000 m	0.17 m	2%	—

（2）表面漂流浮标观测

本考察航次使用了太原理工大学自主研制的海洋表面漂流浮标，该浮标主要技术指标如下。

1）定位与传输系统

采用的是 NEO-M8N 卫星定位模块，可同时接收 3 个全球导航卫星系统（北斗、GPS 和 GLONASS）

的定位信息。这一卫星定位模块具有灵敏度高和采集时间短的特点，同时具备功耗低、定位精度高（水平误差 <2.5 m）、工作温度范围宽（–40℃至 +85℃）等优点，适应于极地海洋现场工作环境。

数据传输采用的是铱星 9602 远程通信模块，射频频率为 1616 ~ 1626.5 MHz，最大单次数据传输可达 340 字节，传输间隔为 1 h，完全满足单次数据发送需求。工作温度范围为 –40 ~ 85℃，适用于全球海域。该模块采用标准的 RS232 串口通信方式，可以与控制器进行通信。这一模块的最低工作电压为 7 V，采用标准电压 12 V 供电，数据发送时的瞬间发射功率为 2 W。由于静态功率为 0.8 W，在完成数据发送后通过控制模块切断电源降低功耗。此外，由于铱星模块自带的定位精度较低，无法用于计算浮标漂移轨迹，所以增置了定位模块。

2）设计工作时长和数据接收率

以 1 h 采样频率，浮标可持续工作 12 个月以上，数据接收成功率维持在 95% 以上。

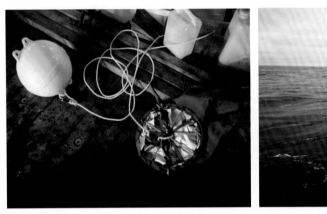

图2.6.2　表层漂流浮标的布放前后
Figure 2.6.2　Deployment of surface drifts

（3）海雾辐射观测

本航次使用的海雾能见度辐射剖面仪（Fog-Visibility Profiler，FVP）由中国海洋大学自主设计，青岛冠潮海洋科技有限责任公司制造，整体重量为 430 g，可以使用 115 g 的探空气球进行搭载布放，最大上升高度可以达到 5000 m，如图 2.6.3 所示。剖面仪可以观测 5 个谱段的辐射能，分别为 407 n mile、543 n mile、611 n mile、730 n mile 和 814 n mile。为了同步记录海雾垂向的温度和湿度变化，该剖面仪配备了温湿压传感器，具体的技术参数如表 2.6.4 所示。

表2.6.4　雾能见度剖面仪温度湿度压力参数
Table 2.6.4　Specifications on the sensors of temperature, humidity and pressure on the FVP

湿度传感器测量范围	0% ~ 100%（RH）
湿度传感器精度	±2%
温度传感器测量范围	–40 ~ 105℃
温度传感器精度	±0.2℃
压力传感器测量范围	20 ~ 110 kPa
压力有效分辨率	1.5 Pa / 0.3 m
压力传感器工作温度	–40 ~ 85℃

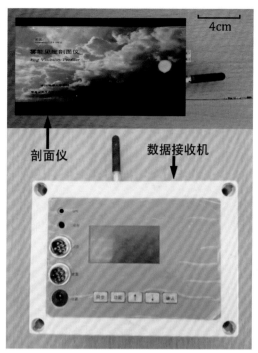

图2.6.3 雾能见度剖面仪和数据接收机（左）以及现场布放（右）

Figure 2.6.3 FVP and data logger (left) and FVP deployments in the field (right)

（4）冰 – 海适用试验型浮标

本考察航次使用了太原理工大学自主研制的冰 – 海适用试验型浮标，该浮标主要技术指标如下。

1）定位与传输系统

GPS 定位，定位误差 ≤ 15 m ；

铱星传输，最大可传输 340 Byte/ 次，传输间隔：6 h。

2）设计工作时长和数据接收率

以 1 h 采样频率，浮标可持续工作 3 个月以上，数据接收成功率维持在 95% 以上。

3）传感器类型

搭载基于铂电阻温度传感器的温度链，其优点是该传感器采用主从机总线数据传输方式，总线上可以级联若干温度传感器，表 2.6.5 所示为该温度链设计参数。

表 2.6.5 温度链参数

Table 2.6.5 Temperature chain parameter

项目	指标参数	备注
供电电源	标称 +12VDC，范围 9 ~ 15VDC/2A	
功耗	休眠电流 <2 mA / 12 VDC 平均电流 <70 mA / 12 VDC	
用户数据接口	RS232 串口	
通信方式	RS232 串口、默认 9600 bps	
工作温度	− 40 ~ + 25 ℃	

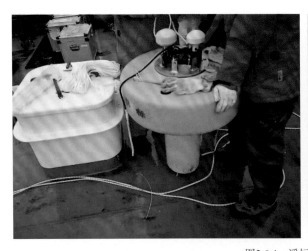

图2.6.4　浮标的布放前后

Figure 2.6.4　Before and after putting in water of the buoy

2.6.3　调查站位与工作量

（1）抛弃式温盐深（XBT/XCTD）业务化观测

在白令海公海和北冰洋投放的站位如图 2.6.5 所示。从 8 月 24 日至 9 月 17 日，共投放了 36 枚 XBT 和 18 枚 XCTD，总计 54 枚。

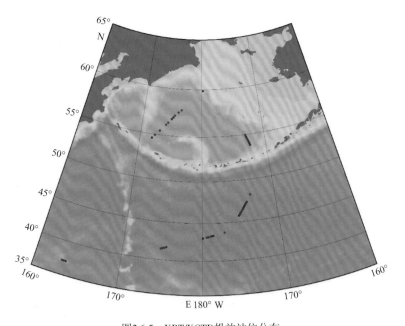

图2.6.5　XBT/XCTD投放站位分布

Figure 2.6.5　Distribution of XBT/XCTD stations

（2）表面漂流浮标观测

本考察航次共投放了 3 个漂流浮标，具体投放站位信息如图 2.6.6 和表 2.6.6 所示。

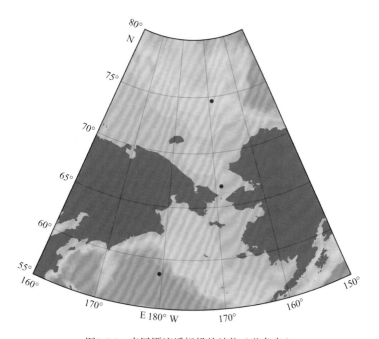

图2.6.6　表层漂流浮标投放站位（蓝色点）

Figure 2.6.6　Deploying stations of the surface drifts (blue dots)

表2.6.6　表层漂流浮标布放站位及投放责任人信息

Table 2.6.6　The deploying records of surface drifts

序号	日期	时间	地点	投放人	派出单位
1	8.26	05:15	58.50°N，179.52°E	崔凯彪	太原理工大学
2	8.30	06:08	66.90°N，168.75°W	周鸿涛	自然资源部第三海洋研究所
3	9.01	03:47	74.62°N，163.04°W	崔凯彪	太原理工大学

（3）海雾辐射观测

中国第十次北极考察期间共释放 16 枚雾能见度剖面仪，具体布放位置如图 2.6.7 所示。其中白令海 2 枚，楚科奇海台 11 枚，北太平洋 3 枚。

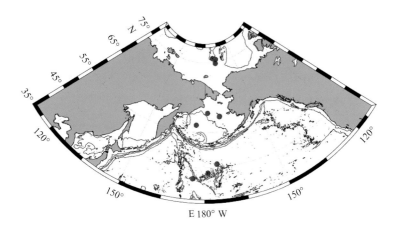

图2.6.7　雾能见度剖面仪布放站位

Figure 2.6.7　The positions of the Fog-Visibility Profiles

（4）冰－海适用试验型浮标

本考察航次投放了1个冰－海适用试验型浮标，起始布放位置为76.03°N，171°96′W。

2.6.4 调查数据初步分析

（1）抛弃式温盐深（XBT/XCTD）业务化观测

鉴于本航次投放XBT/XCTD数量较多，这里仅选取在前往北冰洋航渡期间在白令海西部投放作业相对连续的数据进行初步分析。断面地理位置分布如图2.6.8所示。

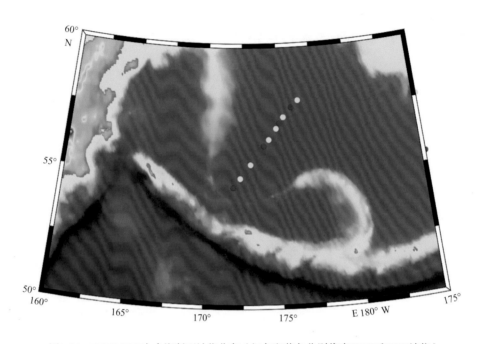

图2.6.8 XCTD/XBT白令海断面站位分布（红色和黄色分别代表XCTD和XBT站位）

Figure 2.6.8 Locations of XCTD/XBT sections in Bering Sea（Red and yellow dots indicate XCTD and XBT stations）

白令海西部断面共由4个XCTD站和7个XBT站组成，其中第一个XBT站位和XCTD站位位置相同，用于和海鸟SBE 911 Plus CTD温盐深剖面仪测量结果比测。在该断面XCTD/XBT获取的有效剖面数据水深总体上约为800 m。对该断面4个XCTD站和7个XBT站的剖面数据的异常值进行剔除后，得到白令海西部断面800 m以浅的温盐随深度变化分布如图2.6.9所示。

由图2.6.9可见，白令海西部断面垂向表现为多层结构：50 m层以上为暖水，温度约为10~12℃，在50 m以深，海温迅速下降，形成明显的季节性温跃层。在50~200 m之间，存在沿断面自西南向东北增厚的冷水层，其核心温度约为2.4~3.8℃；在200~300 m之间，存在沿断面厚度相对均匀的暖水层，温度约为4.1~4.6℃；300 m以深，海水温度线性递减，在800 m深度时，温度降为2.5~2.8℃。

白令海断面表层盐度较低，在32.6~33之间，海水盐度随深度增加而增大，没有呈现类似于温度分布的多层结构。在100~200 m之间，33~33.4等盐度线之间的水层，同样表现出沿断面自西南向东北增厚的特征。在800 m深度时，盐度升高至约34.4。

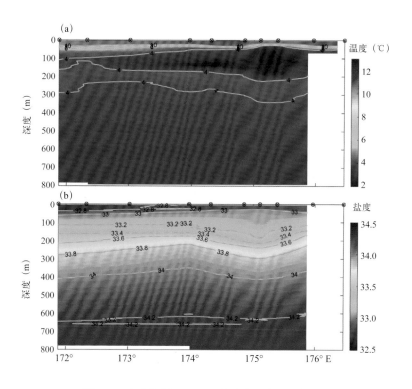

图2.6.9 白令海断面800 m以浅海水温度、盐度分布

Figure 2.6.9 Temperature and Salinity in the upper 800 m along the section in Berling Sea

（2）表面漂流浮标观测

图 2.6.10 为编号 3 的表层漂流浮标轨迹。该浮标起始布放位置为 74.62°N，163.04°W，如图 2.6.10 中红点所示。投放位置处于楚科奇海部。

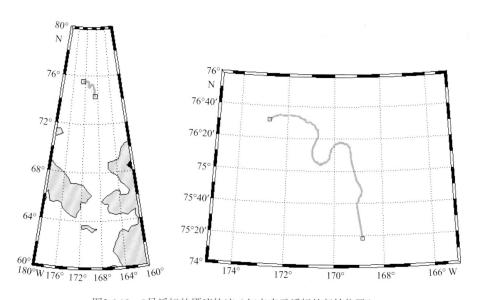

图2.6.10 9号浮标的漂流轨迹（红点表示浮标的起始位置）

Figure 2.6.10 Track of the Argo No.9 (The blue dot represents the original location)

该浮标漂流的轨迹位于波弗特流涡的西南外缘，受到反气旋式风场的强迫，浮标先是向西北方向漂移，漂流到 75°N，171°W 附近时路径发生变化转而向西南方向，最后形成一个"S"式的轨迹，该"S"结构的形成有待进一步研究。这里有几种可能，其一浮标与涡旋相遇受到其卷挟作用所形成，其二浮

标位于楚科奇陆坡流的下游，由于该陆坡流流轴发生不稳定所导致，其三受到突然的北风异常所致。

目前该区域的环流结构是整个北冰洋环流研究的薄弱环节，有待通过进一步的分析获得更为清晰的认识。

（3）海雾辐射观测

雾能见度观测系统包括两个主要部分：探空剖面仪和地面参考辐射计。探空剖面仪在探空气球的牵引下穿过雾层和低云层，对其中的太阳短波辐射进行垂向剖面观测，同时地面参考辐射计进行同步观测，用来消除云雾的高频变化对剖面辐射观测的影响。探空剖面仪和参考辐射计各自配有温度和湿度传感器，从而对观测现场的大气背景场参数进行测量。本航次开展的雾能见度辐射观测在走航期间进行，船速较快，相对风速较大。剖面仪在升空的初期受到风的影响，一般都会出现 30° ~ 50° 角的倾斜，极端情况下由于释放气球平台的紊乱气流，导致出现过大于 90° 角的倾斜。一般在探空气球起飞 10 s 之后（大约 30 m 左右），雾能见度剖面仪的倾斜角减小，仪器姿态基本稳定。因此，在数据的后期处理过程中，要对近海面的数据谨慎对待。

以本航次在楚科奇深海平原布放的 FVP01176 辐射剖面仪为例，仪器自船舷升空开始，到达 2000 m 高度只用了 700 s 左右，上升速度为 2.86 m/s，与标准的气象探空气球升速相当。此次作业时的太阳高度角很低，为 0.45°，加上云雾对短波辐射的散射作用，在 250 m 以下各波长的辐照度很低，随着探空气球高度的增加，辐照度变大，即太阳短波辐射能量不断增强，该变化趋势在各波段基本一致，如图 2.6.11 所示。随着剖面仪的升高，在 700 m 高度以下，海雾内部的气温逐渐减小，从近海面处 2 ℃ 减小到 1 ℃ 左右，而 700 m 之上，气温开始升高。从辐照度剖面来看，在 700 m 处，辐照度的起伏突然变得剧烈，说明在此处入射光由散射光为主突然变为直射光为主，表明此处雾对太阳的散射作用减弱，此时探空气球已经穿过雾层。从大气湿度剖面廓线也能看到海雾浓度的变化趋势，在 700 m 高度以内湿度在 90% 左右，而穿过雾顶之后湿度迅速降低至 30% 左右。

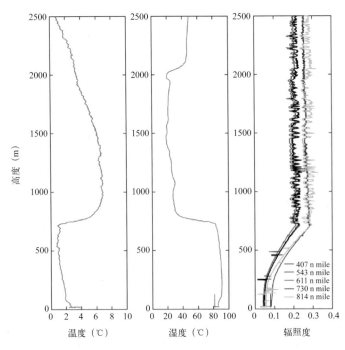

图2.6.11　雾能见度剖面仪观测到的温度、湿度廓线和辐照度剖面

Figure 2.6.11　Profile of temperature, humility and irradiance sampled by a FVP

（4）冰 – 海适用试验型浮标

图 2.6.12 为冰 – 海适用试验型浮标漂流轨迹。投放位置处于楚科奇海南部。

该浮标漂流的轨迹位于波弗特流涡的西南外缘，受到反气旋式风场的强迫，浮标往西北方向漂移。由于观测时间短，导致冬季北冰洋观测数据的缺乏，有待进一步的持续性观测。

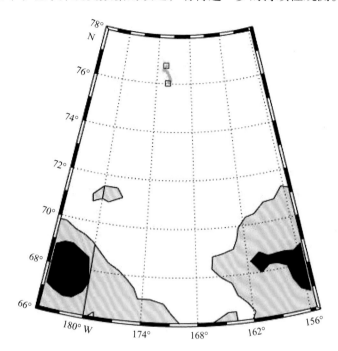

图2.6.12　浮标的漂流轨迹（蓝点表示浮标的起始位置）
Figure 2.6.12　Track of buoy (The blue dot represents the original location)

2.7　走航业务化观测

走航观测由以下几部分组成。

（1）走航表层温盐业务化观测

海洋表层是大气与海洋间水汽和能量相互交换的传输界面，而温度和盐度又是海 – 气系统变化过程的关键要素。因此，走航表层海水温盐观测不仅丰富了基本要素的调查资料，也有助于进一步了解海气相互作用过程。自 2019 年 8 月 10 日起，"向阳红 01"号科学考察船从青岛深海基地码头出发远赴北极调查，途径白令海、白令海峡、楚科奇海、楚科奇海台等海域。利用船载 SBE45 观测设备，对走航期间海洋表层温度和盐度要素进行连续观测。在整个航程，共获取 24 d，约 238 MB 的有效观测数据。

（2）走航海流业务化观测

利用船载的 2 套 ADCP（分别是 38 kHz 和 300 kHz）在北冰洋公海区开展海洋上层海洋流速观测。

（3）走航皮温观测

自 2019 年 8 月 10 日起，"向阳红 01"号科学考察船从青岛深海基地码头出发远赴北极调查，途径日本海、白令海、白令海峡和楚科奇海等海域，利用海洋表面温度观测设备，对走航期间表面温度进行持续性观测，在整个航程，共获取 23 d，约 36.4 MB 的有效观测数据。

（4）走航水质观测

走航水质观测是利用多参数水质仪，在"向阳红01"号科学考察船航行过程中开展了海表叶绿素 a 浓度、溶解有机物浓度、浊度等走航观测，获得了 40 MB 数据。

（5）走航光谱观测

走航光谱观测是利用走航光谱仪 SAS，在 8 月 10 日至 9 月 3 日期间进行了海面光谱走航观测，获得了 1.16 GB 的离水辐亮度光谱数据。

2.7.1 执行人员

（1）走航表层温盐业务化观测

"向阳红01"号科学考察船实验室赵国兴和海洋生物化学组值班队员负责走航表层温盐业务化观测工作，物理海洋组的焦晓辉负责后期的图件绘制与报告编写工作。

（2）走航海流业务化观测

"向阳红01"号科学考察船实验室赵国兴负责走航 ADCP 的操作。杨廷龙负责后期数据处理。

（3）走航皮温观测

物理海洋组崔凯彪全程负责走航皮温观测工作，钟文理和崔凯彪负责后期的图件绘制与报告编写工作。

（4）走航水质观测

表2.7.1　海表水质走航观测人员及航次任务情况
Table 2.7.1　Information of scientists of the spectral water-leaving radiance observation

考察人员	作业分工
崔廷伟	海表叶绿素 a 浓度、溶解有机物浓度、浊度走航观测

（5）走航光谱观测

表2.7.2　海面走航光谱观测人员及航次任务情况
Table 2.7.2　Information of scientists of the ship-mounted spectral water-leaving radiance observation

考察人员	作业分工
李　豪	仪器安装；数据采集、处理与分析；仪器维护

2.7.2 调查设备与仪器

（1）走航表层温盐观测

走航表层温盐观测设备由"向阳红01"号科学考察船实验室提供，采用的是美国海鸟电子公司的 SBE45 SEACAT 温盐计。观测设备接入"向阳红01"号科学考察船内的表层海水自动采集系统，自动观测温度和电导率等参数，对走航期间海洋表层的温度和盐度等要素进行连续观测。另外在取水口还装有温度探头 SBE38。由于 SBE38 与表层水直接接触，得到的温度比 SBE45 的要略低一些，但仍然非常接近。两者的采样间隔都为 1 s，主要技术指标如表 2.7.3 所示。

表2.7.3　SBE45 SEACAT温盐计技术指标

Table 2.7.3　Main specifications of SBE45 SEACAT

传感器	量程	分辨率	精度
电导率	0 ~ 7 S/m	0.000 01 S/m	0.0003 S/m
温度	−5 ~ 35 ℃	0.0001 ℃	0.002 ℃
取水口温度	−5 ~ 35 ℃	0.000 25 ℃	0.001 ℃

（2）走航水质观测

利用多参数水质仪，进行海表（2.5 m 水深）水质走航观测。

图2.7.1　走航多参数水质测量仪

Figure 2.7.1　Spectrophotometer

（3）走航光谱观测

利用走航光谱仪 SAS，采用水面之上法进行海面光谱数据采集。走航光谱仪光谱测量范围 350 ~ 850 n mile，可见光 – 近红外波段光谱分辨率为 1 n mile，采样间隔为 1 min。

图2.7.2　走航光谱仪SAS

Figure 2.7.2　SAS ship-mounted spectrometer

2.7.3 调查站位与工作量

（1）走航表层温盐业务化观测

从8月14日至9月6日，共获取24 d、约238 M的有效观测数据。

（2）走航海流观测

"向阳红01"号科学考察船航行在公海期间开展走航海流业务化观测，共获得约1.62 GB数据。

（3）走航皮温观测

从8月14日至9月5日，共获取23 d、约36.4 M的有效观测数据。

（4）走航水质观测

走航水质观测是利用多参数水质仪，在"向阳红01"号科学考察船航行过程中开展了海表叶绿素 a 浓度、溶解有机物浓度、浊度等走航观测，获得了40 MB数据。

（5）走航光谱观测

走航光谱观测是利用走航光谱仪SAS，在8月10日至9月3日期间进行了海面光谱走航观测，获得了1.16GB的离水辐亮度光谱数据。

2.7.4 调查数据初步分析结果

（1）走航表层温盐观测

图2.7.3显示了走航期间海洋表层温度和盐度的变化轨迹。整体来看，无论是温度还是盐度，都呈现由南到北大致递减的趋势。温度变化方面，日本海南部的表层温度较高，在25℃以上；在日本海中部温度约为23℃；而日本海北部海表面温度范围为17～23℃。出了日本海，海表面温度继续下降。经过白令海，穿过白令海峡，一直到楚科奇海的南部海域，海表面温度一直为10～17℃。

相对于温度变化来说，盐度在日本海的中部和北部并未呈现出明显的差别，介于32.5和33之间，但是整体上盐度小于日本海南部，日本海南部盐度基本为33以上。在鄂霍次克海盐度呈现由南部的31向东北增加至32.5。出了鄂霍次克海，直至白令海陆架处盐度较为稳定，在32.5～33之间。在白令海北部，盐度从白令海陆架的32.5减小至白令海峡的31。白令海以北盐度呈现明显的区域特征，在海底地形变化较大的3个区域盐度呈现出较低值，其余大部分调查地点稳定在31.5左右。值得注意的是，白令海峡以北部分区域出现了温度的较高值，盐度变化并不完全同步。

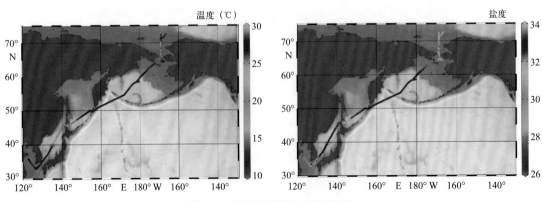

图2.7.3 走航表层温度、盐度变化

Figure 2.7.3 Trajectory colored by surface temperature and surface salinity

与以往航次结果进行对比，结果基本一致，都可以发现几个重要的特征区域：日本海的高温高盐区域、白令海盆的低温高盐区域、楚科奇海台的低温低盐区域。但也有不同之处，今年楚科奇海台温度在10℃以上，高于2018年第九次北极科学考察结果。今年鄂霍次克海南部的盐度略低于东部和日本海的现象也不同于2018年的调查结果。

（2）走航皮温观测

图2.7.4显示走航期间海洋表面温度变化轨迹。结合数据采集记录情况可以看出，该设备采集系统在高纬度冰区出现采集数据乱码情况，造成数据的缺失。因此，如何改进海洋表面温度采集系统保证观测的连续性是十分必要的。

整体上来看，温度呈现出由南到北逐渐递减的趋势。在变化趋势上，日本海的表面温度较高，在16℃以上。出了日本海，海洋表面温度继续下降，途经白令海和白令海峡，到达楚科奇海南部海域，75°N左右，海洋表面温度都维持在0～1℃。

与以往航次结果进行对比，结果基本一致，都可以发现几个重要的特征区域：日本海的高温区域，楚科奇海南部海域的低温区域。此外，北冰洋海域的水体存在明显的季节变化特征。在夏季，由于太阳辐射增强，海冰融化，海洋表层水体呈现暖而淡的特征。

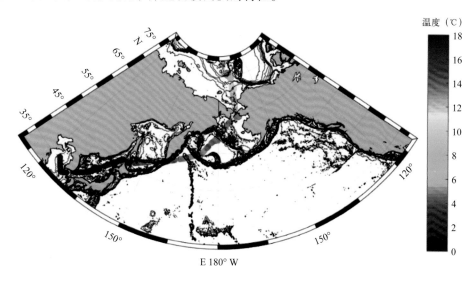

图2.7.4　走航表面温度变化

Figure 2.7.4　Trajectory colored by surface temperature

2.8　本章小结

本航次物理海洋和海洋气象的作业内容是空前丰富的，现场作业人员也比以往航次显著增加。来自6家单位的10名队员相互协助，共同完成值班作业，作业内容包括CTD/LADCP/SVP+采水、水下滑翔机观测、锚碇潜标回收和布放、XBT/XCTD释放、表面漂流浮标和冰－海适用试验型浮标投放、上层海洋走航观测以及海洋遥感观测等。

在参与值班作业的10名队员中，有6人具有开展海洋调查活动相应的资质证书、有5人具有极地调查作业经验、有7人具备海洋调查作业经验，全体人员经过了现场理论与航前强化实践培训。

在质量控制上严格按照要求开展现场调查工作、做好相应的记录，并配合质量监督员完成了各项检查工作。

在航次完成的亮点工作有：

（1）在白令海布放 3 台我国自主研发的水下滑翔机，开展了平均航时 22 d/ 台、总航程 1193.6 km 的同步联合观测，共获取 390 个剖面数据。这是我国首次在极地考察中开展水下滑翔机多台同步观测，拓展了我国在白令海海盆的观测范围。

（2）首次在白令海东部开展考察，完成了 1 个断面共 12 个站位的水体综合考察，填补了我国北极调查的空白区。

第3章
海洋地质与地球物理考察

3.1 考察目的和依据

北极是地球气候系统的重要驱动器和全球变化的敏感放大器。西北冰洋及亚北极太平洋海域是了解北极变化及中高纬度联系的关键区域，也是"21世纪海上丝绸之路的北上分支"和"冰上丝绸之路"的重要组成部分。在全球气候变化的大背景下，加强我国的北极综合科学考察，系统掌握该地区海底环境要素及其变化规律，从而为有效应对气候变化、实现北极航道资源合理开发与利用等提供科技支撑，是我国极地考察与研究的核心任务之一。

本次海洋地质与地球物理考察依据我国历次北极综合科学考察的资料样品积累情况，选择亚北极白令海、楚科奇海及北部边缘地带为重点调查区域，通过表层和柱状沉积物取样、地球物理走航观测、海底拖网等调查，摸清该地区海底地形地貌、地层与构造、底质类型及其环境气候演变特点，探讨北极 – 亚北极快速变化、北极 – 北太平洋之间的物质和能量交换过程及其对我国环境气候变化的影响机制等。

3.2 调查内容

3.2.1 海洋地质

本次海洋地质考察海上作业主要由表层沉积物采样、柱状沉积物采样和表层海水悬浮体采样三部分组成。

（1）表层沉积物采样以箱式沉积物取样器为主开展。样品采至甲板后，根据《南北极环境综合考察与评估专项技术规程——海洋地质》中要求的现场描述项目和内容立即对样品的颜色、气味、厚度、稠度、黏性、物质组成、结构构造、生物状况及其现象进行详细描述。

（2）柱状沉积物采样以重力柱状沉积物取样器为主开展。样品采集至甲板后，按 1 m 或 2 m 长度进行切割、标记、描述和低温保存等。

（3）表层海水悬浮体采样：采集表层海水，定量过滤（5 L），将表层海水中悬浮体富集到 GFF 滤膜后，–20℃冷冻保存。

3.2.2 海洋地球物理

本次地球物理调查主要包括海底地形测量（含声速剖面测量）、海底浅地层剖面测量和海洋重力测量等工作内容。

（1）在北冰洋国际公开水域，进行测站间航渡途中的多波束随航测量；在测站上进行 SVP 测量，用作多波束测量中的声速改正；

（2）在美国 EEZ 区域（白令海和楚科奇海），进行测站间航渡途中的单波束地形测量；

（3）在北冰洋国际公开水域，进行测站间航渡途中的浅地层剖面随航测量；

（4）全程进行海洋重力测量，包括青岛国家深海基地管理中心码头的基点测量。

3.3 地质取样

3.3.1 执行人员

本次考察海洋地质组现场执行人包括陈志华、李官保、周庆杰、许明珠和李乃胜。各位执行人的主要职责与岗位分工见表3.3.1。

表3.3.1　海洋地质考察现场作业人员分工
Table 3.3.1　Members and assignments of marine geological surveys

序号	姓 名	工作单位	主要负责的研究内容	岗位分工
1	陈志华	自然资源部第一海洋研究所	海洋地质考察	地质取样 班组指挥
2	李官保	自然资源部第一海洋研究所	海洋地球物理与地质考察	地质取样 班组指挥
3	周庆杰	自然资源部第一海洋研究所	海洋地球物理与地质考察	地质取样
4	许明珠	自然资源部第二海洋研究所	海洋地球物理与地质考察	地质取样
5	李乃胜	自然资源部第一海洋研究所	海洋地质考察	悬浮体采样

3.3.2　调查设备与仪器

本次考察所使用的地质取样设备和仪器包括：箱式沉积物取样器和重力柱状沉积物取样器。悬浮体取样设备为 PALL 真空过滤装置。各仪器的技术指标和性能如下。

（1）箱式沉积物取样器

箱体规格：$60 \times 60 \times 70$（cm^3）；仪器重量：600 kg（图 3.3.1）。

箱式取样器是专为地质和底栖生物调查而设计的底质取样设备，适用于陆架、深海特别是高纬度海洋富泥、富砾石等复杂底质的取样。采用重力贯入的原理，最大可取得海底以下 70 cm 的沉积物样品，并可同时获得一定量的上覆水样。

图3.3.1　箱式沉积物取样器
Figure 3.3.1　Box corer for sediment sampling

（2）重力柱状沉积物取样器

取样管长：8 m，内径 127 mm，外径 145 mm；
刀口长：0.2 m；仪器总重量：1000 kg。

该取样器可用来获取长达 8 m 的柱状连续无扰动沉积物样品（图 3.3.2）。作业原理是在取样器的一端装上重块，在另一端的不锈钢管内装入塑料衬管，然后安装上刀口，靠仪器自身的重量贯入海底，将沉积物密封在塑料衬管内。当取样器提升到甲板后，取出有沉积物贯入的塑料衬管。重力柱状取样器适用于底质较软的海区采样，可获得沉积年代较长、无扰动的沉积层序，样品适用于长时间序列的古海洋和古气候环境研究。

图3.3.2　重力柱状沉积物取样器

Figure 3.3.2　Gravity corer for sediment sampling

（3）悬浮体真空过滤装置

该装置由 PALL 过滤器、20 L 抽滤瓶和 GAST DOA 型真空泵等组成（图 3.3.3），用于滤取海水中的悬浮颗粒物质。滤膜选用 Whatman 直径 47 mm，孔径 0.7 μm 的玻璃纤维滤膜（GFF）。滤膜须在 450℃高温下灼烧 4 小时，以去除有机质；采用 0.01 mg 天平恒重称量。

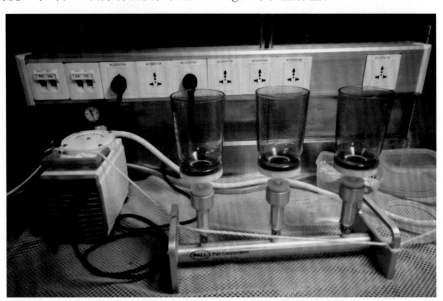

图3.3.3　悬浮体真空过滤装置

Figure 3.3.3　Vacuum filter system of suspended matter in seawater

3.3.3 调查站位与工作量

本航次海洋地质考察完成工作量统计见表3.3.2，累计完成沉积物取样29站，其中表层沉积物取样28站，柱状沉积物取样1站；完成表层海水悬浮体采样76站；同时，借助底栖生物拖网获取结核/结壳样品6站。

表3.3.2 海洋地质调查完成工作量统计

Table 3.3.2 Workload statistics of geological surveys

考察内容	作业海区	完成站位（个）	获取样品站位（个）
表层沉积物取样	白令海、楚科奇海	28	28
柱状沉积物取样	白令海	1	1
底栖生物拖网获取结核/结壳	楚科奇海台	8	6
悬浮体采样	白令海、北冰洋、北太平洋	76	76

沉积物、结核结壳调查及表层海水悬浮体采样站位信息见表3.3.3 ~ 表3.3.5，站位分布见图3.3.4 ~ 图3.3.6。图3.3.4中蓝色圆点为箱式采样站位，红色方块为柱状采用站位。

表3.3.3 沉积物取样站位信息

Table 3.3.3 Stations and characteristics of dredged sediments

序号	站位	纬度	经度	水深(m)	取样时间	取样类型	样品特征
1	BL08	60.3992°N	179.0013°W	505.4	2019-08-27	柱状	岩心长84 cm，灰色粉砂
2	BL09	60.7973°N	178.2111°W	157.0	2019-08-27	箱式	灰色黏土质粉砂
3	BL10	61.2857°N	177.2399°W	118.0	2019-08-28	箱式	灰色黏土质粉砂或粉砂质黏土
4	BL11	61.9258°N	176.1754°W	98.0	2019-08-28	箱式	灰色 – 灰黑色粉砂质黏土
5	BL12	62.5934°N	175.0103°W	71.0	2019-08-28	箱式	灰色 – 灰黑色粉砂质黏土
6	BL13	63.2900°N	173.4367°W	66.7	2019-08-28	箱式	黄灰色 – 灰黑色砂 – 粉砂 – 黏土
7	BL14	63.7666°N	172.4077°W	44.3	2019-08-28	箱式	灰色 – 灰黑色砾石
8	R01	66.2106°N	168.7527°W	55.0	2019-08-30	箱式	灰色砾质砂或含砾泥质砂
9	R02	66.8942°N	168.7482°W	43.3	2019-08-30	箱式	灰色 – 灰黑色泥质砂
10	R03	67.4948°N	168.7498°W	50.0	2019-08-30	箱式	灰色 – 深灰色黏土质粉砂
11	R04	68.1927°N	168.7606°W	57.0	2019-08-30	箱式	灰色、灰黑色黏土质粉砂
12	R05	68.8062°N	168.7473°W	55.0	2019-08-30	箱式	灰色、灰黑色黏土质粉砂
13	R06	69.5333°N	168.7512°W	51.0	2019-08-30	箱式	灰色、灰黑色黏土质粉砂
14	R07	70.3332°N	168.7503°W	41.0	2019-08-31	箱式	灰色泥质砂砾、含砾质砂
15	R08	71.1732°N	168.7545°W	49.0	2019-08-31	箱式	灰色黏土质粉砂
16	R09	71.9933°N	168.7373°W	51.4	2019-08-31	箱式	灰色粉砂质黏土

续表

序号	站位	纬度	经度	水深 (m)	取样时间	取样类型	样品特征
17	R10	72.8982°N	168.7448°W	61.1	2019-08-31	箱式	灰色黏土或粉砂质黏土
18	BR11	63.9011°N	167.4781°W	35.0	2019-09-06	箱式	绿灰色砂质粉砂
19	BR10	63.4013°N	167.9389°W	35.0	2019-09-06	箱式	黄绿灰色 – 深灰色粉砂质细砂
20	BR09	62.9067°N	168.4268°W	40.0	2019-09-06	箱式	黄绿灰色 – 灰色细砂
21	BR08	62.4053°N	168.8968°W	35.0	2019-09-07	箱式	灰色粉砂或砂质粉砂
22	BR07	61.6530°N	169.6772°W	43.0	2019-09-07	箱式	灰色 – 灰黑色粉砂或含黏土粉砂
23	BR06	60.9051°N	170.3536°W	52.0	2019-09-07	箱式	灰色 – 灰黑色含黏土粉砂
24	BR05	59.8991°N	171.3069°W	71.0	2019-09-07	箱式	灰色 – 灰黑色砂质粉砂
25	BR04	58.9074°N	172.2544°W	98.0	2019-09-08	箱式	灰色 – 深灰色黏土质粉砂
26	BR03	58.4049°N	172.7352°W	107.0	2019-09-08	箱式	灰色 – 深灰色含黏土砂质粉砂
27	BR02	57.9018°N	173.2263°W	118.0	2019-09-08	箱式	灰色 – 深灰色砂质粉砂
28	BR01	57.4050°N	173.6983°W	134.0	2019-09-08	箱式	灰色 – 深灰色粉砂质砂
29	BR00	56.9533°N	174.0913°W	1684.0	2019-09-08	箱式	灰色 – 深灰色砂质粉砂

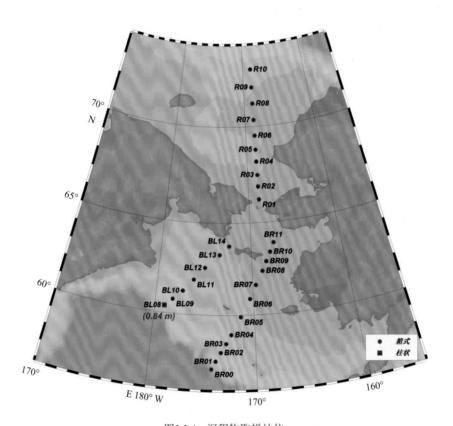

图3.3.4　沉积物取样站位

Figure 3.3.4　Stations of the dredged sediments

表3.3.4　底栖生物拖网获取结核/结壳站位信息

Table 3.3.4　Bottom trawls for benthos-ferromangese nodule/crust

序号	站位	日期	纬度	经度	水深（m）	备注
1	BT11	2019-09-01	74°10.1965′N	168°45.4342′W	180	拖网干净，似未到底，无底质样品
2	BT26	2019-09-01	74°36.7564′N	169°18.1426′W	200	见结核、结壳（结皮）
3	BT13	2019-09-01	74°44.1876′N	167°49.8303′W	265	见结核、结壳（结皮）
4	BT14	2019-09-01	75°01.6007′N	167°48.2427′W	170	见结核、结壳（结皮）
5	BT15	2019-09-02	75°20.0151′N	167°46.6489′W	166	相对富结壳（结皮）
6	BT16	2019-09-02	75°38.0174′N	167°49.5823′W	186	相对富结壳（结皮）
7	BT25	2019-09-03	74°44.3404′N	171°09.4941′W	250	相对富结壳（结皮）
8	BT12	2019-09-04	74°19.3440′N	167°49.0200′W	270	拖网半封口，无样品

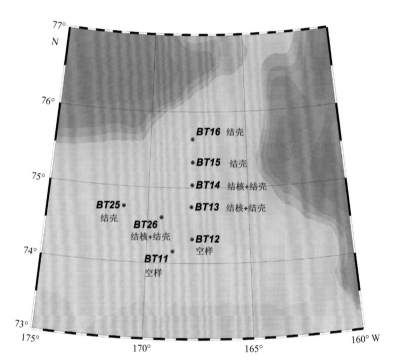

图3.3.5　底栖生物拖网获取结核/结壳站位信息

Figure 3.3.5　Station and information of seabed ferromangese nodule/crust trawling

表3.3.5　表层悬浮体取样作业站位信息

Table 3.3.5　Sampling stations of surface water suspended matters

序号	站位号	纬度	经度	取样时间
1	BL01	54.5835°N	171.8707°E	2019-08-24
2	BL02	55.2670°N	172.7774°E	2019-08-24
3	BL03	56.5684°N	174.5708°E	2019-08-24
4	BL04	57.3931°N	175.6054°E	2019-08-25

序号	站位号	纬度	经度	取样时间
5	BL05	58.2984°N	177.4188°E	2019-08-25
6	Q2	58.5028°N	179.5105°E	2019-08-26
7	BL06	58.7222°N	178.4195°E	2019-08-27
8	BL07	60.0359°N	179.5127°W	2019-08-27
9	BL08	60.3992°N	179.0013°W	2019-08-27
10	BL09	60.7973°N	178.2111°W	2019-08-27
11	BL10	61.2857°N	177.2399°W	2019-08-28
12	BL11	61.9258°N	176.1754°W	2019-08-28
13	BL12	62.5934°N	175.0103°W	2019-08-28
14	BL13	63.2900°N	173.4367°W	2019-08-28
15	BL14	63.7666°N	172.4077°W	2019-08-28
16	BS01	64.3224°N	171.3899°W	2019-08-29
17	BS02	64.3342°N	170.8207°W	2019-08-29
18	BS03	64.3278°N	170.1292°W	2019-08-29
19	BS04	64.3311°N	169.4071°W	2019-08-29
20	BS05	64.3302°N	168.7089°W	2019-08-29
21	BS06	64.3289°N	168.1097°W	2019-08-29
22	BS07	64.3344°N	167.4518°W	2019-08-29
23	BS08	64.3653°N	167.1212°W	2019-08-29
24	R01	66.2106°N	168.7527°W	2019-08-30
25	R02	66.8942°N	168.7482°W	2019-08-30
26	R03	67.4948°N	168.7498°W	2019-08-30
27	R04	68.1927°N	168.7606°W	2019-08-30
28	R05	68.8062°N	168.7473°W	2019-08-30
29	R06	69.5333°N	168.7512°W	2019-08-30
30	R07	70.3332°N	168.7503°W	2019-08-31
31	R08	71.1732°N	168.7545°W	2019-08-31
32	R09	71.9933°N	168.7373°W	2019-08-31
33	R10	72.8982°N	168.7448°W	2019-08-31
34	R11	74.1556°N	168.7541°W	2019-08-31
35	BT11	73.9000°N	167.8000°W	2019-08-31
36	Q3	74.6200°N	169.0400°W	2019-08-31

序号	站位号	纬度	经度	取样时间
37	BT13	74.7462°N	167.8565°W	2019-09-01
38	BT14	75.0343°N	167.8159°W	2019-09-01
39	BT15	75.3369°N	167.8067°W	2019-09-01
40	BT16	75.6412°N	167.8167°W	2019-09-01
41	M15	75.8179°N	169.8702°W	2019-09-01
42	M14	76.0337°N	171.9799°W	2019-09-02
43	M13	75.6067°N	171.9960°W	2019-09-02
44	M12	75.2070°N	172.0089°W	2019-09-02
45	M11	74.8030°N	171.9950°W	2019-09-02
46	BT25	74.7408°N	171.2110°W	2019-09-02
47	Q4	74.6217°N	169.2037°W	2019-09-02
48	BT12	74.3224°N	167.8170°W	2019-09-03
49	BT27	74.3499°N	166.4432°W	2019-09-03
50	BR11	63.9011°N	167.4781°W	2019-09-06
51	BR10	63.4013°N	167.9389°W	2019-09-06
52	BR09	62.9067°N	168.4268°W	2019-09-06
53	BR08	62.4053°N	168.8968°W	2019-09-07
54	BR07	61.6530°N	169.6772°W	2019-09-07
55	BR06	60.9051°N	170.3536°W	2019-09-07
56	BR05	59.8991°N	171.3069°W	2019-09-07
57	BR04	58.9074°N	172.2544°W	2019-09-08
58	BR03	58.4049°N	172.7352°W	2019-09-08
59	BR02	57.9018°N	173.2263°W	2019-09-08
60	BR01	57.4050°N	173.6983°W	2019-09-08
61	BR00	56.9533°N	174.0913°W	2019-09-08
62	BA01	55.5531°N	173.3376°W	2019-09-09
63	BA02	54.4835°N	172.7840°W	2019-09-09
64	BA03	53.4770°N	172.2737°W	2019-09-09
65	PA01	51.3552°N	171.5202°W	2019-09-10
66	PA02	49.5330°N	172.3252°W	2019-09-10
67	PA03	46.1890°N	174.8311°W	2019-09-11
68	PA04	43.6927°N	177.5544°W	2019-09-12

续表

序号	站位号	纬度	经度	取样时间
69	PA05	42.8429°N	179.1073°E	2019-09-12
70	PA06	42.1393°N	176.3736°E	2019-09-13
71	PA07	41.0994°N	173.4070°E	2019-09-13
72	PA08	40.1147°N	171.0245°E	2019-09-14
73	PA09	39.1908°N	170.2926°E	2019-09-14
74	PA10	38.3344°N	168.9287°E	2019-09-15
75	PA11	36.9758°N	169.6229°E	2019-09-16
76	PA12	37.0965°N	164.2410°E	2019-09-17

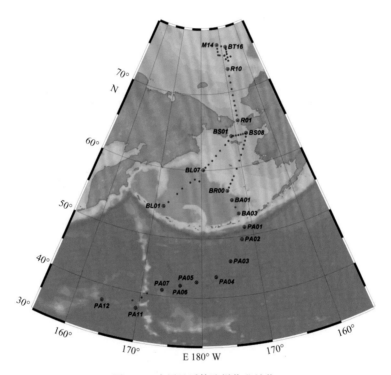

图3.3.6　表层悬浮体取样作业站位

Figure 3.3.6　Sampling stations of surface water suspended matters

3.3.4　调查数据/样品初步分析结果

（1）表层沉积物特征、类型及分区

通过对箱式沉积物样品的颜色、气味、粒度组成、黏性、结构构造及生物组成等现场描述和记录，不同海区表层沉积物特征差异明显，大体可分为以下几个沉积区。

1）白令海西部陆架沉积区

该区沉积物以绿灰色、灰色、灰黑色黏土质粉砂或粉砂质黏土为主（图3.3.7）。表层0～2 cm通常为灰绿色或黄灰色，其下为深灰色或灰黑色，以粉砂和黏土为主，黏度大，有硫化氢气味，见较多底栖生物，包括蛇尾、海蚯蚓、沙蚕、贝壳等。自白令海陆坡至圣劳伦斯岛附近，粉砂含量减少，黏土含量增加，表明来自阿德尔湾（河）的物质增多。

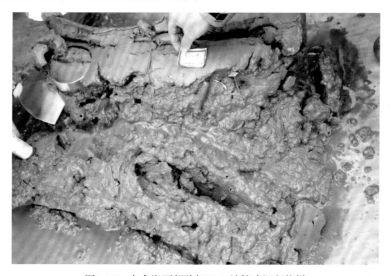

图3.3.7　白令海西部陆架BL09站箱式沉积物样
Figure 3.3.7　Box sediment at Station BL09 in the western Bering Sea

2）白令海东部陆架沉积区

该区沉积物以灰黄绿色、绿灰色、灰色、灰黑色黏土质粉砂、粉砂或砂质粉砂为主。表层0～2 cm通常为黄绿色、绿灰色或灰绿色，其下为灰色或灰黑色，以粉砂为主，细砂或黏土次之，黏度小，见沙蚕、蛇尾等底栖生物（图3.3.8）。总体来说，北部陆架因受育空河物质供应影响，黏土组分含量较高，南部中、外陆架沉积物粒度略微变粗，粉砂和细砂含量高，至陆坡区（下部）沉积物又变细。

图3.3.8　白令海BR10站箱式沉积物样
Figure 3.3.8　Box sediment at Station BR10 in the eastern Bering Sea

3）白令海峡及附近沉积物

白令海峡底质以基岩和砾石为主（图3.3.9）。从白令海峡分别往南、北方向延伸，沉积物粗细混杂，砂、粉砂、黏土含量增加，出现砾石、含泥质砂砾等底质类型。

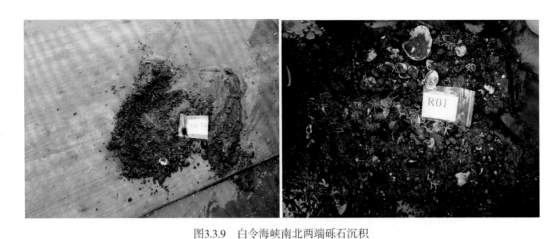

图3.3.9 白令海峡南北两端砾石沉积

Figure 3.3.9 Gravelly sediments in the vicinity of the Bering Strait

4）楚科奇海陆架沉积区

楚科奇海陆架沉积呈斑块状分布。南部白令海峡邻近区域以砾石、粉砂质砂、砂—粉砂—黏土为主；陆架中部以粉砂质砂、黏土质粉砂和粉砂质黏土为主；北部出现富冰筏砾石沉积或粉砂质黏土沉积。沉积物表层呈黄绿灰色，其下为暗灰色或黑色黏土质粉砂，富含有机质，具硫化氢气味，见双壳、蛇尾和海星等底栖生物。

图3.3.10 楚科奇海陆架R06站灰色黏土质粉砂

Figure 3.3.10 Box sediment at Station R06 on the Chukchi continental shelf

图3.3.11 楚科奇海陆架R07站灰色、灰黑色黏土质粉砂

Figure 3.3.11 Box sediment at Station R07 on the Chukchi continental shelf

图3.3.12　楚科奇海陆架R10站黄绿灰色、灰黑色粉砂质黏土

Figure 3.3.12　Box sediment of R10 from the Chukchi continental shelf

（2）拖网站位铁锰结核/结壳特征

北冰洋铁锰结核/结壳及褐色富锰沉积发育。作为潜在的多金属矿产资源，海底铁锰结核/结壳引起广泛关注。同时，铁锰结核/结壳特别是褐色富锰沉积作为北冰洋间冰期或温暖气候条件下的沉积产物，蕴含着全球变暖背景下北极地区的环境信息，也是北极海洋沉积物年代地层对比的重要基础。北冰洋中的铁锰结核/结壳研究之前鲜有报道，通过对公开发表论文中相关工作的统计，2008年、2009年和2012年美国曾在楚科奇陆架及楚科奇边缘地（borderland）进行了3个航次的相关调查，俄罗斯也曾在门捷列夫脊开展过相关的调查工作。

继我国第七次和第九次北极考察先后在楚科奇海台附近底栖生物拖网中发现海底结核/结壳后，本次北极考察亦借助底栖生物拖网对楚科奇海台结核/结壳分布及赋存状况等进行了初步调查。除BT11和BT12两站因拖网未到底或封口不严外，其他各站均获得了结核和结壳样品（图3.3.13）。拖网获得的铁锰结核/结壳与海底沉积物共生，其中楚科奇海台南部的BT26站、BT13站和BT14站含结核和结壳，北部的BT15站和BT16站和BT14站相对富结壳（图3.3.14）。

图3.3.13　楚科奇海台铁锰结核/结壳

Figure 3.3.13　The ferromangese nodule/crust collected on the Chukchi Borderland

图3.3.14　楚科奇海台BT13站与BT15站底栖生物拖网获取的海底砾石与铁锰结核/结壳

Figure 3.3.14　The gravel and ferromangese nodule/crust collected by seabed trawl at BT13 and BT15 stations on the Chukchi Borderland

铁锰结核多呈椭球状，粒径多数在为 2 ~ 3 cm，表面较光滑，铁锰纹层厚约数毫米至 1 cm 不等，内核多为长英质砾石。结壳的铁锰层较薄，厚度小于 5 mm，多以褐色硬泥块为基底，较脆，易碎。

从底栖生物拖网获得的铁锰结核 / 结壳、非铁锰质砾石、泥质沉积物及底栖生物的相对含量来看，楚科奇海台海底结核和结壳虽然普遍发育，但丰度不大。海底半裸露的冰筏砾石、富氧的海水 – 沉积物界面环境、较强的底流环境和较低的沉积速率是形成铁锰结核 / 结壳的主要原因。

3.4　地球物理走航探测

3.4.1　执行人员

海洋地球物理调查人员及分工信息见表 3.4.1。

表3.4.1　地球物理人员组成及任务分工
Table 3.4.1　Scientists of the geophysics group

序号	姓名	性别	单 位	航次任务
1	李官保	男	自然资源部第一海洋研究所	现场负责人
2	李乃胜	男	自然资源部第一海洋研究所	现场数据采集
3	周庆杰	男	自然资源部第一海洋研究所	现场数据采集与处理
4	许明珠	男	自然资源部第二海洋研究所	现场数据采集

3.4.2　调查设备与仪器

（1）深水多波束测量系统

1）全海深多波束测深系统

本航次调查采用 ELAC SeaBeam 3012 全海深多波束测深系统（如图 3.4.1 所示），该系统由安装在船底的发射换能器阵和接收水听器阵、信号放大接线盒、接收和发射控制单元、数据采集工作站以及辅助设备（光纤罗经及运动传感器）等组成（图3.4.1）。SeaBeam 3012多波束测深系统所测量的全覆盖海底地形地貌数据可用于绘制精确的海底地形地貌基础性图件。

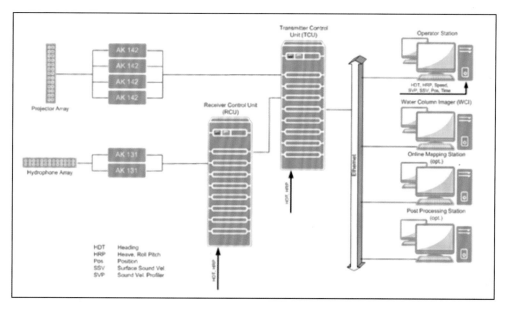

图3.4.1　SeaBeam 3012多波束系统组成示意图

Figure 3.4.1　System configurations of the SeaBeam 3012

该系统工作频率12 kHz，测量水深范围50 ~ 11 000 m，可在 ±30° 范围内测得精度优于0.2%×水深，整体精度0.8%×水深，侧扫12位分辨率，最大2000 Pixel，系统的发射速率4 Hz（浅水），3000 m水深波束发射间隔≤12 s（平坦地形）（具体技术见表3.4.2所示）。

表3.4.2 SeaBeam 3012型系统主要技术性能参数

Table 3.4.2 Specifications of the SeaBeam 3012

主要技术指标		系统接口	
声学频率	12 kHz	供电要求	115 V / 60 Hz 或 230 V / 50 Hz 单相
最小测量水深	50 m（换能器以下）		
最大测量水深	11 000 m（全海深）	姿态运动	RS232/RS422
航迹方向波束宽度	1° 或 2°	Heading	RS232/RS422
垂直航迹方向波束宽度	1° 或 2°	Position	RS232/RS422
工作模式	单 Ping 或多 Ping	表层声速	RS232/RS422
脉冲长度	2 ~ 20 ms	输出接口	
脉冲长度模式	手动或自动	中央水深	RS232，ASCII
最大条带开角	>140°	海底坡度	RS232，类似 NMEA0183
条带覆盖模式	手动或自动		
最大条带覆盖宽度	约 31 000 m	姿态稳定能力	
最大波束数量	301 个（单 Ping 模式）	Roll	± 10°
波束接收模式	等角或等距	Pitch	± 7°
测深精度	>100 m 水深，符合 IHO SP44 标准	Yaw	± 5°

2）单波束水深测量系统

本航次单波束水深测量使用的是 Kongsberg EA 600 回声测深仪，系统包含一个或多个换能器，通用发射接收机（GPT）和航道操作站（HOS）组成。当需要对 GPT 进行保护时，GPT 组可以装在一个专用的机柜里（图 3.4.2）。

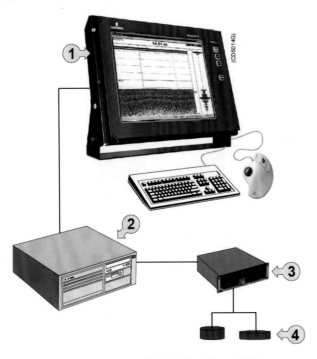

图3.4.2 EA 600单波束测深系统组成结构

Figure 3.4.2 System configurations of EA 600 Echo Sounder

①道操作站HOS；②处理单元；③通用发射接收机GPT；④换能器

Kongsberg EA 600 回声测深仪是专门为航道测量设计的单频或多频测深仪，它最多可同时配置 4 个不同频率的通道。可用频率从 12 ～ 710 kHz，最大测深可达到 11 000 m，能够满足所有海域的全水深测量。系统技术指标见表 3.4.3。

表3.4.3　EA 600回声测深仪系统技术指标
Table 3.4.3　Specifications of EA 600 Echo Sounder

回声测深仪系统	通用发射 / 接收机 GPT	处理单元
频率通道：1，2，3 或 4 通道 工作频率：12，18，27，33，38，50，120，200，210 和 710 kHz 回声记录的类型： — 表面回声记录 — 底部扩展 — 沿航迹斜率 — 声波发射器模式 增益：20log TVG，30log TVG，40log TVG 或没有 Ping 率：可调，最大 20 ping/s 测深范围：5 ～ 15 000 m，手动模式，自动模式或自动开始模式 模拟信号波形展示：显示最近一次发射脉冲的回波信号波形 颜色标尺：12 种颜色（每 3 dB 变化一种颜色） 底部检测：软件底跟踪算法，最小和最大深度可调	发射功率：最大 2 kW（单频或双频发射 / 接收机） 接收噪声：3 dB 输入阻抗：60 Ω 输出保护：短路电路和开路保护电路： 接收机的输入范围：瞬间动态范围 –160 dBW 到 –20 dBW（dB 相对于 1W） 连线说明： — 换能器：12 孔接插件，Shell MS3102A–24，Insert 24–19S。 — AUI：D 型 15 孔接插件 — 网络：8 脚 RJ-45J 插座 — 辅助：D 型 25 孔 电源 — AC：95 ～ 265 V，50 ～ 60 Hz，50 ～ 100 W — DC：11 ～ 15V，50 ～ 100 W 工作温度：0 ～ 55℃ 保存温度：–40 ～ 70℃ 相对湿度：5% ～ 95%，无冷凝水	处理单元包括一台标准的 PC 机。它可以由当地提供，但是必须满足一下配置： 处理器：奔腾 400 MHz 内存容量：256 Mb 硬盘容量：40 GB 磁盘驱动： — 1.44 Mb 软区 — CD-ROM 读 / 写 外部接口： — 2 个 232 串口，推荐使用 4 个 232 串口 — 一个并口 /USB — 以太网 RJ-45 接口 2 个 操作系统：Windows 2000 或 XP 其他软件：IE5.0 或更高的 工作温度：0 ～ 55℃ 保存温度：–40 ～ 70℃ 相对湿度：5% ～ 95%，无冷凝水

3）导航定位和姿态系统

海底测量导航定位系统采用 VERIPOS LD7 星站差分 GPS 系统，该系统能够同时接受差分 GPS 信号和非差分 GNSS 信号（包括 GPS、GLONASS、北斗等），导航 GPS 的性能指标见表 3.4.4。同时配备 Octans 测量姿态。

表3.4.4　两种定位和定姿参数对比
Table 3.4.4　Specifications of the Inertial Measurement Unit

参数	POSMV OceanMaster	Octans Ⅳ + 星站差分 GNSS
定位精度	DGPS（0.5 m） SBAS（0.5 m） 星站（水平 10 cm，高程 15 cm）	DGPS（0.5 m） SBAS（0.5 m） 星站（水平 10 cm，高程 15 cm）
航向	0.01°（全球范围一致）	0.1°（正割纬度，纬度大于 75° 时，其精度低于 0.4°）
横摇	0.01°	0.01°
纵摇	0.01°	0.01°
升沉	实时 5 cm 或 5%，延迟升沉 2 cm 或 2%	实时 5 cm 或 5%，延迟升沉 2.5 cm 或 2.5%
姿态类型	IMU（惯导，六自由度输出）	姿态传感器（三自由度输出）
数据融合	支持松耦合和紧耦合算法	无融合

续表

时间同步	<10 μs	毫秒级
更新频率	姿态 200 Hz 定位 200 Hz	姿态 200 Hz 定位 无
数据后处理	定位信号丢失，可以通过后处理提高定位精度，方式如下： PPK［近岸（水平：0.8 cm + 1 PPM，高程 1.5 cm + 1 PPM），PPP（水平：10 cm，高程：20 cm）］	无

4）声速剖面仪

表面声速仪和声速剖面仪都是采用 AML 公司生产的声速测量设备，声速剖面仪型号为 AML Minos·X（见图 3.4.3），采用自容式的数据采集模型，最大工作水深可达 6000 m。Minos·X 是一款可扩展的声速剖面测量仪，可以通过配置不同的传感器来满足不同的用户需求。本航次使用的声速剖面测量仪配置了声速测量传感器和压力传感器，仅用作声速剖面测量，其性能指标见表 3.4.5。表面声速仪所用的声速测量传感器与声速剖面仪相同（即性能指标相同），并通过网络接口实时接入多波束接收单元中，对多波束数据反射和接收声线进行实时改正。

图3.4.3　声速剖面仪

Figure 3.4.3　Sound velocity profile sensor

表3.4.5　声速剖面仪性能指标

Table 3.4.5　Specifications of the sound velocity profile sensor

性能参数	指标
仪器型号	AML Minos·X（SN:30898）
最大工作水深	6000 m
声速测量范围	1375 ~ 1625 m/s
测量准确度	± 0.025 m/s
测量精度	± 0.006 m/s

（2）浅地层剖面仪

海底浅地层剖面测量使用"向阳红 01"号科学考察船上安装的 Topas PS18 浅地层剖面仪系统完成。Topas PS18 系统由挪威 Konsberg Simrad 公司生产，适用于从浅水大陆架到深水大洋区的浅地层结构、构造特征调查与研究。采用走航作业方式，调查效率高，特别适用于大范围海底底质声学反射特征、浅地层结构与构造特征的调查研究。

该设备由发射 / 接收换能器、发射 / 接收转换器、功率放大器、操作控制台和外围设备等组成。其中外围设备包括差分 GPS 系统、打印绘图设备、数据存储设备等。控制台的 PC 控制系统进行发射和接收声波信号，并将实时采集的数据分别储存到计算机硬盘或现场打印。系统能根据浅地层剖面的分层情况，对各项参数进行实时调节，跟踪，以期达到最佳的调查效果。工作中根据水深变化情况，可分别使用 Ricker 波、Chirp 波、Burst 波，发射的间隔和延迟时间需根据水的深浅随时加以调整。其主要性能指标列于表 3.4.6。

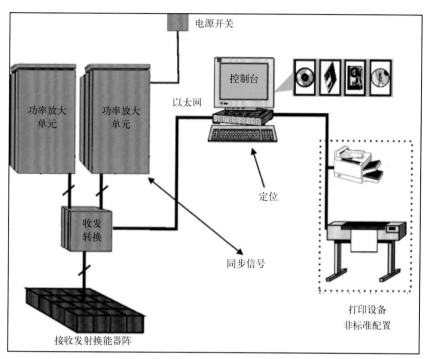

图3.4.4　Topas PS18浅地层剖面仪系统结构组成
Figure 3.4.4　System configurations of the Topas PS18 Sub-bottom Profiler

表3.4.6　Topas PS18浅地层剖面仪系统性能参数
Table 3.4.6　Specifications of the Topas PS18 Sub-bottom Profiler

性能指标	参数
工作频率	主频 12.5 ~ 17.5 kHz，次级频率为 0.5 ~ 5 kHz
波束宽度	≤ 5°
最大穿透深度	150 m（软层）
分辨率	≤ 0.3 m
工作波形	Ricker 波、Burst（CW）波、Chirp（FM）波

（3）海洋重力仪系统

本次调查使用美国 LaCoste & Romberg 公司生产的 Air-Sea Gravity System Ⅱ海洋重力仪（图 3.4.5），并使用"向阳红 01"号科学考察船上的美国 DGS 公司生产的 AT1M 型全反馈磁阻尼动态重力仪作为备份（图 3.4.6）。

1）Air-Sea Gravity System Ⅱ海洋重力仪

Air-Sea Gravity System Ⅱ海洋重力仪系统采用零长弹簧 / 摆移动速率的重力测量原理，理论上对应无限的灵敏度。其主要性能指标列于表 3.4.7。

表3.4.7　L&R Air-Sea Gravity System Ⅱ 海洋重力仪性能参数

Table 3.4.7　Specifications of the L&R Air-Sea Gravity System Ⅱ

名称	参数
海上测量精度	交点差小于 1×10^{-5} m/s²
仪器灵敏度	0.01×10^{-5} m/s²
静态重复精度	0.05×10^{-5} m/s²
$< 50\,000 \times 10^{-5}$ m/s² 水平加速度下实验室精度	0.25×10^{-5} m/s²
$50\,000 \times 10^{-5} \sim 100\,000 \times 10^{-5}$ m/s² 水平加速度下实验室精度	0.50×10^{-5} m/s²
$< 100\,000 \times 10^{-5}$ m/s² 垂直加速度下实验室精度	0.25×10^{-5} m/s²
测量范围	$12\,000 \times 10^{-5}$ m/s²
线性漂移率	小于 3×10^{-5} m/(s²·月)
数据记录速率	1 Hz，提供 RS–232 串行接口输出
仪器温度设定	46 ~ 55℃
工作室温	0 ~ 40℃
储存温度	–30 ~ 50℃
陀螺	2 个光纤陀螺
陀螺寿命	> 50 000 h
有效平台纵摇控制	± 22°
有效平台横摇控制	± 25°
平台最大稳定周期	4 ~ 4.5 min

图3.4.5　Air–Sea System Ⅱ 海洋重力仪（S–133）

Figure 3.4.5　Air-Sea System Ⅱ Gravimeter

2）AT1M 型海洋重力仪

美国 DGS 公司 AT1M 型全反馈磁阻尼动态重力仪，采用最新电子工业技术成果，兼具了直线弹簧重力仪不受交叉耦合影响的动态特性优点，及零长弹簧摆杆重力仪灵敏度高、零点漂移小的静态特性优点。采用模块化设计，结构简洁，操作简单，便于维护，方便运输及安装。

表3.4.8　AT1M型海洋重力仪性能参数

Table 3.4.8　Specifications of the AT1M Gravimeter System

名称	参数
仪器灵敏度	0.01×10^{-5} m/s^2
数据采样率	2 Hz，高分辨率重力及 GPS 位置和时间数据记录在内置固态存储器内，同时可实时输出
测量范围	$20\,000 \times 10^{-5}$ m/s^2，满足全球测量
线性漂移率	$< 3 \times 10^{-5}$ m/(s$^2 \cdot$月)
数据记录	内置 64 GB 固态存储器，可存储 3 年连续测量数据
抗干扰加速度能力	系统能抵御超过 250 m/s^2 的干扰加速度的影响
仪器功耗	< 150 W

图3.4.6　AT1M海洋重力仪

Figure 3.4.6　AT1M Gravimeter

3.4.3　调查测线与工作量

（1）深水多波束测量

多波束测深系统自 GMT 时间 2019 年 8 月 25 日 09:05 进入白令海公海海域开机运行，至 8 月 27 日 11:51 出白令海公海海域时关闭系统；在楚科奇海域内，2019 年 9 月 1 日 00:25 出美国专属经济区后开启多波束系统，至 9 月 3 日 11:21 出公海海域再次进入美国专属经济区时关闭系统。多波束测量路线示意图见图 3.4.7。

沿多波束走航测线，与 CTD 站位同步完成的 18 个站位的声速剖面测量结果用以多波束测深。利用 SeaBeam 3012 多波束测深系统共获取了 1210 km 的走航观测数据，共 399 个数据文件，计 19.1 GB。

表3.4.9　声速剖面采集登记

Table 3.4.9　Information for the sound velocity profile stations

序号	日期	时 (UTC)	纬度（°N）	经度（°W）	水深（m）	投放深度（m）	文件名
1	2019-08-24	23:29	56.56840	174.5707	3812	2004	FILE_045 BL03
2	2019-08-25	07:25	57.3931	175.6054	3778	2000	FILE_048 BL04
3	2019-08-25	17:53	58.2983	177.4187	3749	2000	FILE_051 BL05
4	2019-08-27	00:03	58.7221	178.4195	3721	2000	FILE_054 BL06
5	2019-08-27	13:42	60.0358	−179.5126	1521	1463	FILE_056 BL07
6	2019-08-31	23:56	74.1556	−168.7541	183	170	FILE_116 R11
7	2019-09-1	04:19	74.60479	−169.3235	199	194	FILE_118 BT26
8	2019-09-01	07:59	74.74617	−167.8565	252	248	FILE_120 BT13
9	2019-09-01	11:16	75.03432	−167.8158	167	156	FILE_122 BT14
10	2019-09-01	14:34	75.33690	−167.8067	170	160	FILE_124 BT15
11	2019-09-01	18:09	75.64124	−167.8166	187	179	FILE_126 BT16
12	2019-09-01	22:40	75.81785	−169.8702	581	573	FILE_128 M15
13	2019-09-02	02:51	76.03370	−171.9798	2009	1967	FILE_129 M14
14	2019-09-02	10:56	75.60675	−171.9959	1942	1470	FILE_131 M13
15	2019-09-02	14:47	75.20697	−172.0089	477	467	FILE_133 M12
16	2019-09-02	21:00	74.74079	−171.2110	257	251	FILE_139 BT12
17	2019-09-03	05:55	74.32245	−167.8170	265	248	FILE_137 BT25
18	2019-09-03	09:40	74.34991	−166.4432	281	263	FILE_139 BT12

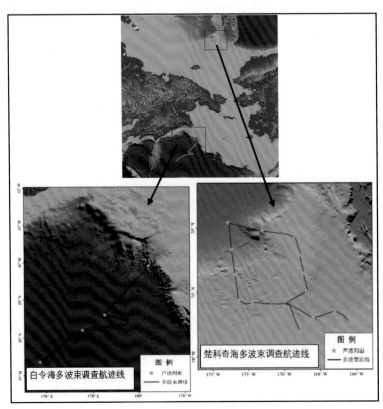

图3.4.7　多波束与浅地层剖面测量航迹

Figure 3.4.7　Tracking of the multibeam bathymetric survey

在美国专属经济区内，主要使用 EA600 单波束测深系统进行水深测量，用于测量站位作业时的水深辅助测量，共获得 752 个数据文件，共 55.5 G。

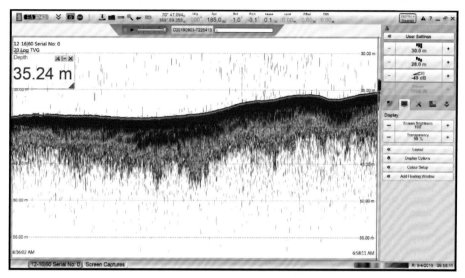

图3.4.8 单波束水深测量软件截图

Figure 3.4.8 Snapshot of the Echo Sounder Acquisition Software

（2）浅地层剖面测量

在白令海和北冰洋公海区域，在测站之间的航渡途中与多波束测量同步进行了海底浅地层剖面测量。先后于 2019 年 8 月 25 日至 8 月 27 日、9 月 1 日至 9 月 3 日完成了白令海 BL 断面、北冰洋 M 断面和 BT 断面上的站间航渡随船测量，累积测线长度 1210 km（图 3.4.7）。

（3）海洋重力测量

2019 年 8 月 8 日，在青岛国家深海基地管理中心码头进行重力基点比对。自离开码头后，直至 9 月 5 日之间的航途中，海洋重力全程测量。9 月 5 日，为了准备停靠美国诺姆港，重力仪关机，数据采集停止，之后靠港计划取消，重力仪重新开机并连续观测至回到深海基地码头。累计本航次共采集本次考察沿途海洋重力数据近 12 000 km。

3.4.4 数据处理与结果初步分析

（1）深水多波束测量

1）多波束数据处理

多波束数据后处理主要包括多波束系统参数校正、导航数据编辑、水深点噪声编辑、潮位改正、声速改正等，然后将系统参数和水深值进行合并计算，结合 CUBE（Combined Uncertainty and Bathymetry Estimator）多波束自动化处理算法进行海底面构建，得到最终的多波束成果数据。数据后处理的工作流程如图 3.4.9 所示。

2）工作区地形地貌特征

本航次走航多波束采用单 Ping 方式发射，在工作区采用 ELAC 特有的多 Ping 发射方式工作，以便获取更多高质量地形地貌测量数据，多波束扇面开角采用 140° 进行作业，左右舷各 70°。SeaBeam 3012 实际覆盖宽度为水深的 2 ~ 3 倍，能较清晰的反映作业区海底地形变化情况；水深更浅的区域，实际覆盖宽度则要稍低一些，图 3.4.10 为白令海多波束水深地形图，图 3.4.11 为楚科奇海多波束水深地形图。

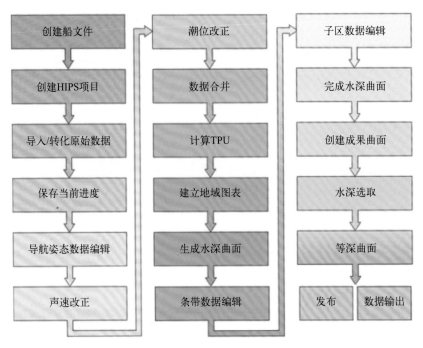

图3.4.9　多波束后处理工作流程

Figure 3.4.9　Workflow for the procession of the multibeam data

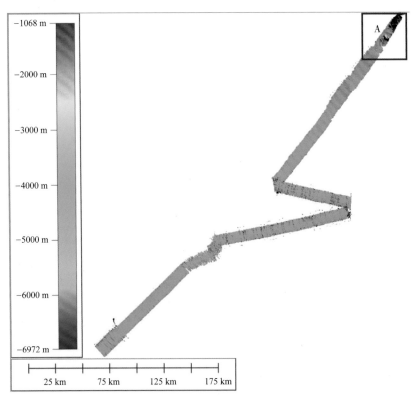

图3.4.10　白令海多波束水深地形图

Figure 3.4.10　The topography of the multibeam bathymetric survey in Bering Sea

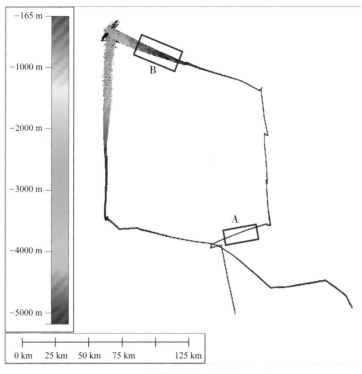

图 3.4.11　楚科奇海多波束水深地形

Figure 3.4.11　The topography of the multibeam bathymetric survey in Chukchi Sea

3）典型海底地形地貌类型

本次多波束调查在白令海和楚科奇海进行走航观测获得沿航线的海底水深地形数据。走航断面测量的多波束地形地貌类型为海底陆坡及海山海丘（白令海，图 3.4.10A）、浅水陆架区的冰川地貌（楚科奇海，图 3.4.10A）和海底沟谷地貌（楚科奇海，图 3.4.11B）等。

① 海山海丘

白令海海盆和陆坡区水深在 1020 ～ 3200 m 之间，深水区地势平坦，内部有海山、海丘等突出地形（图 3.4.12），具体位置见图 3.4.10A。

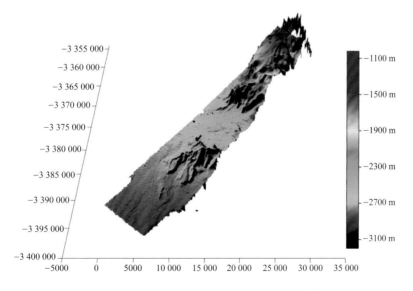

图3.4.12　白令海陆坡及海山海丘

Figure 3.4.12　The continental slope and seamount

85

② 冰川地貌

冰川地貌是高纬度陆架区最典型的海底地貌类型，在本次海底地形地貌调查中，楚科奇海陆架区350 m 等深线以浅区域，主要表现为杂乱的冰山划痕（犁沟）（图 3.4.13），具体位置见图 3.4.11A。

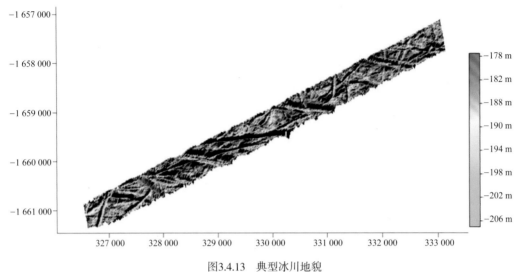

图3.4.13　典型冰川地貌

Figure 3.4.13　Typical glacier topography

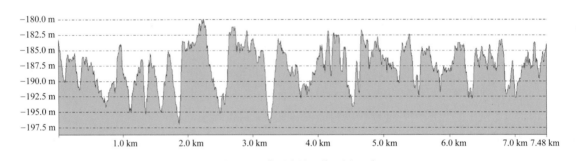

图3.4.14　典型冰川地貌区剖面

Figure 3.4.14　Typical profile of glacier topography

③ 海底沟谷地貌

楚科奇海盆水深 1000～2000 m 之间，发育有海底沟谷地貌（图 3.4.15），具体位置见图 3.4.11B。

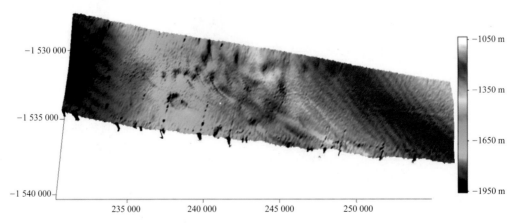

图3.4.15　典型海底沟谷地貌

Figure 3.4.15　Typical gully of seafloor

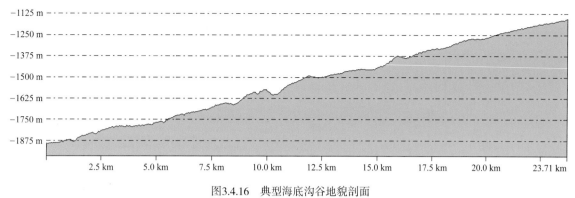

图3.4.16　典型海底沟谷地貌剖面

Figure 3.4.16　Typical profile of gully topography

（2）浅地层剖面测量

Topas PS018 系统浅地层剖面采样率设置为 36 kHz，记录长度 800 ms。测量过程中将多波束中央波束水深实时发送给浅地层剖面系统，浅剖系统根据获取的水深值自动调整触发间隔和记录延迟，取得很好的测量效果。

浅地层剖面仪全航次稳定工作，整体上清晰地揭示了调查区地貌特征和浅地层反射特征，在海岭地形陡变区，绕射波和杂乱反射较强，对浅部地层的揭示效果相对较差。

如图 3.4.17 所示，浅地层剖面仪可揭示近 100 mm（TWT- 双程走时）的浅部地层，地层内部反射界面清晰、侧向连续性较好，对于地形地貌的突变以及内部地层属性的差异都能够较为清晰地揭示。

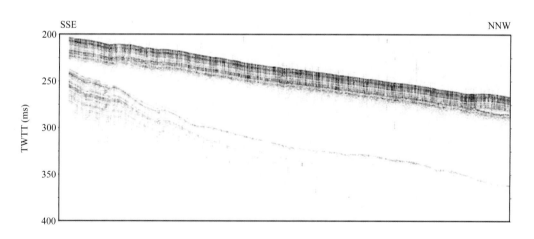

图3.4.17　浅地层剖面仪揭示的海底沉积层内部结构

Figure 3.4.17　Inner structure of the sedimentary strata

如图 3.4.18 所示，浅地层剖面清晰地揭示了阿留申海盆靠近白令海陆架一侧的陆裾沉积内部地层的形变，显示为同沉积构造，表明该区域存在较新的构造活动。

图 3.4.19 所示为楚科奇海台南部的海底冰川地貌及其下伏的沉积层结构。该冰川地貌在楚科奇海台以及楚科奇陆架外缘广泛发育，并在多波束海底地形图上有明显的显示，表现为纵横交错的海底沟谷（犁痕）。从图 3.4.19 中可以看出，因冰川作用导致的该处海底起伏不平，下切深度最大逾 20 ms；海底反射强，绕射波显著，海底以下反射较弱，仅在大约 50 ms 深度上存在一个强反射界面，该界面起伏不平，可能是更早期的冰川侵蚀所致。

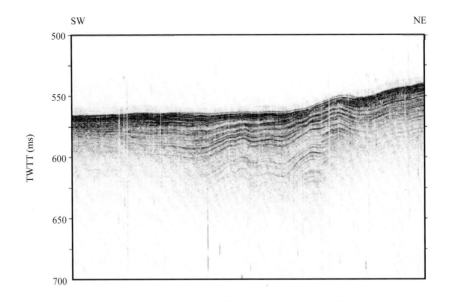

图3.4.18　白令海陆裾部位的沉积层内部构造变形

Figure 3.4.18　Tectonic deformation in the shallow strata of the Bering Sea

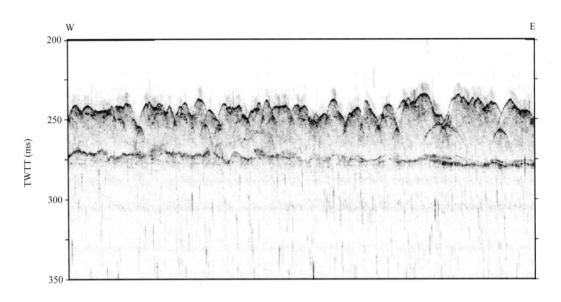

图3.4.19　楚科奇海台的海底冰川谷

Figure 3.4.19　Submarine glacial valley on the Chukchi Rise

在楚科奇海台西侧与楚科奇海盆之间的陆坡上，浅地层剖面揭示了厚度逾100 ms的沉积层，其内部反射界面连续性好；其中发育了典型的沉积物波，沉积层呈波状起伏，反射层在波峰部位厚度大于波谷部位（图3.4.20）。该沉积物波与多波束地形图上的海底沟谷地貌相对应（图3.4.15），呈现沟槽和突起相间排列的地貌形态特征，相对深度逾50 ms，走向为近南北，与陆坡走向斜交，发育在水深1000 ~ 2000 m范围之间，宽度近50 km。

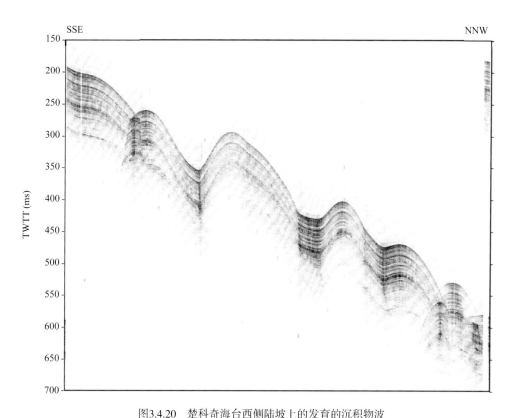

图3.4.20 楚科奇海台西侧陆坡上的发育的沉积物波

Figure 3.4.20 Sedimentary structure of the western slope of Chukchi Borderland

（3）海洋重力测量

按海洋重力调查规范，航次过程中进行了重力整机系统的试验，在航次开始和结束时都在国家深海基地管理中心码头进行了重力基点比对，结果显示 S133 重力仪的月漂移 $1.12 \times 10^{-5} \, \text{m/s}^2$，AT1M 重力仪的月漂移 $0.24 \times 10^{-5} \, \text{m/s}^2$，均符合调查规范的要求（月漂移不大于 $3.0 \times 10^{-5} \, \text{m/s}^2$）（见表3.4.10）。

表3.4.10 重力基点对比

Table 3.4.10 Table of gravity base point comparison

日期 (UTC)	时间 (UTC)	S133 重力仪读数 （ $\times 10^{-5} \, \text{m/s}^2$ ）	S133 重力仪读数 （ $\times 10^{-5} \, \text{m/s}^2$ ）
2019-08-10	00:25	11 044.1	10 924.6
2019-09-29	05:50	11 042.2	10 925.0

本航次重力仪滤波时间采用 240 s，调查期间海况较好数据质量较高，图 3.4.21 为横穿阿留申沟弧系的重力剖面，表明重力值的变化对沟弧系构造具有很好的显示。

重力仪弹性系统无突变，可确保后续测量数据有效。对比了 S-133 和 AT1M 重力仪的实测数据，显示两者具有较好的一致性（图 3.4.22），但在测站附近，AT1M 重力仪受船舶加减速以及航向变化的影响比 S-133 重力仪大。在航次结束后，将进行基点比对以及各种改正，并计算空间重力异常值和布格重力异常值。

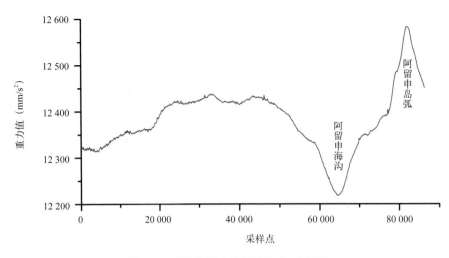

图3.4.21　横穿阿留申沟弧系的重力剖面图

Figure 3.4.21　Gravity variation across Aleutian trench-arc system

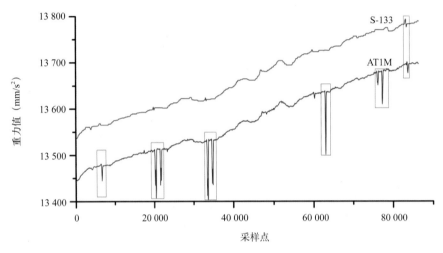

图3.4.22　S-133和AT1M重力仪实测数据对比图

Figure 3.4.22　Comparison of the measured gravity value by S-133 and AT1M Gravimeter

3.5　本章小结

通过本次海洋地质考察，累计获取箱式沉积物样品 28 站，重力柱状沉积物样品 1 站，表层海水悬浮体样品 76 站，弥补了我国在白令海东部陆架海洋地质考察的空白。航次首次将多金属结核成因机理调查纳入考察计划，在楚科奇边缘地带获取结核 / 结壳拖网样品 6 站，为该地区环境演化、海水 – 沉积物界面过程与成矿作用研究等提供了样品和资料。

通过本航次考察，获取 1210 km、19.1 GB 的走航多波束测深数据；与 CTD 站位同步测量，完成 18 个站位的声速剖面测量；在白令海 BL 断面、北冰洋 M 断面和 BT 断面上，完成 1210 km 浅地层剖面测量；累计完成沿途海洋重力数据近 12 000 km。通过考察，对白令海与北冰洋海底沟谷与冰川等地形地貌、地层、重力场及其构造环境等有了进一步的了解。

第4章

海洋化学和
大气化学考察

4.1 考察目的和依据

在北极快速变化这一背景下，海冰消退产生的海洋化学与生物地球化学过程的变化是海洋化学和大气化学考察的主要目的。北极是地球系统的重要组成部分，是地球上气候敏感地区和生态脆弱带。近年来，北极快速变化所引起的一系列大气、冰雪、海洋、陆地和生物等相互作用过程的改变，造成冻土层退化、海洋生物泵和溶解泵改变，对北极地区碳的源、汇效应产生了深刻影响，评估北极生物泵的变化及其效应显得非常迫切。

随着海洋吸收 CO_2 的量不断增加，北极海域为全球范围内海洋酸化最严重的海区。极区酸化引起的海水碳酸钙类生物（文石、方解石等）饱和度下降，未来几十年，这类钙质类生物可能停止生长，尤其是有壳的浮游动物。酸化的持续加剧将对北极区生态系统造成不可逆转的损害。因此，极地海洋成为全球海洋酸化研究的重点区域。生源物质（生源活性气体二甲基硫、卤代烃等）的生物地球化学循环是生态系统变化对气候变化响应和反馈的中间环节，起着承上启下的作用。在快速变化的北极海洋系统中，开展北冰洋生源物质的生物地球化学过程研究，对于了解海冰快速变化背景下北冰洋生源物质循环及响应机制及其海洋生态、环境和气候效应等具有重要意义。

海水是一个多组分、多相的复杂体系，除水和占所有溶解成分总量的 99.9% 以上的 11 种常量元素之外，都是微量元素。海水微量元素广泛地参加海洋的生物化学循环和地球化学循环，其含量的高低影响海洋生物的生长、发育与繁殖。

日本福岛核事故发生后，为全面掌握日本福岛核事故泄露入海的放射性物质对全球大洋的污染影响，2019 年自然资源部将海洋人工放射性核素监测与评价纳入北极考察业务化工作范畴，并在中国第十次北极考察任务中设立专题，该专题由自然资源部第三海洋研究所负责。结合太平洋与北冰洋之间的洋流运动趋势，以及国际上在北极区域开展人工核素调查研究的情况，考察队制定了人工核素监测与评价实施方案，明确了科考的主要任务：（1）掌握北极／亚北极海域不同环境介质中人工放射性核素的水平，开展北极海域海洋放射性环境水平评价；（2）了解人工放射性核素在极区海域的空间分布及其迁移、存在形式以及对生物资源的辐射影响；（3）构建相应的海洋环境放射性水平数据库，为开展大尺度海洋生态环境科学研究提供基础数据。

微塑料（尺寸小于 5 mm 的塑料颗粒）污染是近年国际社会广泛关注的全球性环境问题，目前全球每年塑料产量已超过 3 亿吨，大量塑料垃圾通过多种途径进入海洋，使海洋几乎成了一个"塑料世界"。最新研究显示，微塑料污染已扩散到全球海域，在海水、海滩、沉积物和海洋生物体内均有检出。掌握海洋微塑料分布特征、主要来源和迁移路径的手段，评估微塑料污染对环境的影响及生态效应，是制定微塑料污染防控措施的基础。同时由于微塑料污染涉及跨界污染，我们需要一手数据掌握微塑料跨界输移对我国海洋环境可能产生的影响，为我国在国际微塑料污染问题处理上的主动权和话语权提供研究基础与技术支撑。

本次考察海洋化学与大气化学主要调查内容依据"南北极环境综合考察评估与管理项目""国家北极观测监测网运维与管理""极地考察业务化与科研""极区海洋酸化监测与评估"（科技部项目）等确定。

4.2 调查内容

海洋化学考察主要分为 9 部分内容：海水化学要素、沉积化学、大气化学、海水酸化、二甲基硫、微量元素、人工核素、微塑料和有机污染物。具体内容如下。

（1）海水化学要素

对北冰洋重点海域、白令海重点海域考察断面和站点进行海水化学要素调查。调查参数包括溶解氧、悬浮物、硝酸盐、亚硝酸盐、铵盐、活性磷酸盐、活性硅酸盐、POC 及 C 同位素、PON 及 N 同位素、HPLC 色素、脂肪酸、氮氩比、N_2O 等。

（2）沉积化学

沉积化学以表层箱式样品为主，调查参数包括有机碳、氮及其稳定同位素、有机标志物、正构烷烃及甾醇等。

（3）大气化学

大气化学调查包括大气气溶胶采集和大气化学成分样品采集，调查区域涵盖西太平洋、白令海公海区、楚科奇海和北冰洋等海域。

（4）海水酸化

对白令海、楚科奇海等高纬度海区开展海水酸化观测，重点关注高纬度地区和楚科奇海陆架海域海水酸化变化观测，对设定的海域考察断面和站点进行 pH、碱度、DIC 等观测。在"向阳红 01"号科学考察船航行过程中全程测量海水表层二氧化碳分压 pCO_2 和大气中 CO_2 含量。

（5）二甲基硫

在白令海、北冰洋太平洋扇区开阔水域，开展北极生源活性气体二甲基硫（DMS）和挥发性卤代烃（VHCs）监测。

（6）微量元素

对北冰洋重点海域、北太平洋边缘海重点海域考察断面和站点进行微量元素调查。

（7）人工核素

人工核素调查主要包括 3 部分内容：重点海域深层水样人工核素调查、走航表层水样人工核素调查和沉积物人工核素调查。调查区域涵盖西太平洋、白令海公海区、楚科奇海、北冰洋等海域。走航表层海水和重点海域深层海水人工核素调查核素包括：^3H、^{90}Sr、^{134}Cs、^{137}Cs、^{210}Po、^{210}Pb、^{234}Th。沉积物人工核素调查核素包括 ^{40}K、^{90}Sr、^{134}Cs、^{137}Cs、^{226}Ra、^{228}Ra、^{228}Th、^{238}U。

（8）微塑料

开展北极区域水体和沉积物中的微塑料的组成和分布研究工作，揭示极地微塑料分布特征和规律，评估北极区域微塑料可能产生的生态和环境影响。北极海域微塑料监测采用走航微塑料水样采样、断面站位微塑料拖网采样和断面 CTD 站位微塑料水样采样监测等 3 种方式对目标海域的海水中的微塑料进行采样和观测，通过调查微塑料的含量、种类与形态等各要素，从多个角度认识目标海域微塑料污染物的分步情况。

（9）有机污染物

获取白令海及西北冰洋水体中溶解态及颗粒态典型持久性有机污染物的空间分布、相态分配及年际变化特征，利用天然放射性同位素 $^{210}Po/^{210}Pb$、$^{234}Th/^{238}U$ 不平衡示踪技术以及瞬态示踪剂 CFCs/SF6，全面估算北冰洋 – 太平洋扇区上层水体中典型 POPs 物质的生物泵输出通量并绘制其变化图景，进而尝试分析在北极快速冰融背景下海洋生物泵在北极 POPs 传输与循环过程中的相对重要性。

4.3 海水化学要素

海洋化学重点海域断面调查总共完成了 50 个站位观测，共获取了约 4000 份样品。其中硝酸盐、活性磷酸盐和活性硅酸盐现场采集和分析完成了 50 个站位，均采集了 307 个样品；亚硝酸盐和铵盐现场采集并分析完成了 50 个站位，均采集了 307 个样品；现场采集和分析溶解氧（DO）样品 49 个站位 292 个样品；现场采集 N_2O 要素 49 个站位 223 个样品；现场采集氮氩比 50 个站位 307 个样品。悬浮颗粒 30 个站位，采集了 91 个样品；颗粒有机碳（POC）及 C 同位素完成了 30 个站位，采集了 91 个样品；颗粒有机氮（PON）及 N 同位素完成了 30 个站位，采集了 91 个样品；HPLC 色素分级采样共完成了 30 个站位，采集了 60 个样品；脂肪酸采样共完成了 20 个站位，采集了 40 个样品。

4.3.1 执行人员

表4.3.1 中国第十次北极考察海水化学要素考察人员及航次任务情况
Table 4.3.1 Information of scientists from the marine chemistry group in 10th CHINARE

考察人员	作业分工
庄燕培	大体积过滤、光合色素过滤等
李杨杰	氮氩比采样，营养盐过滤与分析
杨佰娟	营养盐过滤与分析
孙 恒	溶解氧采样与分析

海水大体积过滤膜样采集

海水亚硝酸盐分析

营养盐水样过滤

海水溶解氧滴定

图4.3.1 实验室内海水化学要素检测
Figure 4.3.1 Measurement of chemical elements in seawater in laboratory

4.3.2 调查设备与仪器

海水化学样品采集使用船载 Rossete 采水器，该采水器配置有 22 瓶 10 L 和 2 瓶 5 L 的 Niskin 采水器，能够用于分层采集海水。采水前需紧闭采水器的气阀，关闭出水口瓶。现场采样层次的海水温度、盐度及叶绿素等海洋环境参数由 CTD 在采集海水时同步测定完成。

溶解氧使用分光光度计分析，其购自日本岛津公司，型号为 UV1800。溶解氧采用基于经典碘量法改进的分光光度法测定，基本原理是海水样品中的氧定量地把碘离子氧化成碘分子，然后用分光光度法测定碘分子的浓度，以生成的碘分子的浓度计算氧分子的浓度。该方法的测定精度可达 1 μmol/kg。

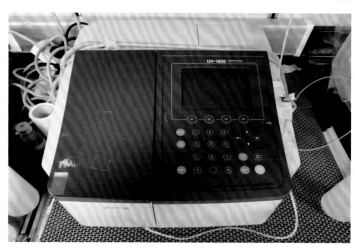

图4.3.2　分光光度计

Figure 4.3.2　Spectrophotometer

4.3.3 调查站位与工作量

（1）站位图

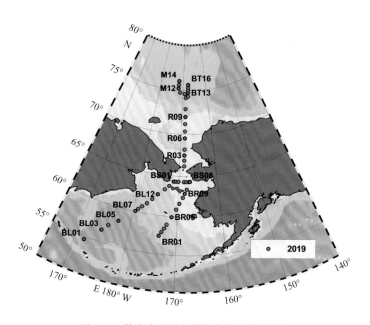

图4.3.3　第十次北极考察海水化学采样站位

Figure 4.3.3　Sampling sites of seawater chemistry in 10th CHINARE cruise

（2）站位信息

表4.3.2　第十次北极考察海洋化学采样站位信息
Table 4.3.2　Information of sampling sites of marine chemistry in 10th CHINARE cruise

序号	站位	纬度	经度	当地水深（m）	采样要素
1	BL01	54.584°N	171.871°E	3910	●▼▲■
2	BL03	56.568°N	174.571°E	3812	●▼▲■
3	BL04	57.393°N	175.605°E	3378	●▼▲■
4	BL05	58.298°N	177.419°E	3749	●▼▲■
5	BL07	60.036°N	179.513°W	1521	●▼▲■
6	BL08	60.399°N	179.001°W	485	●◆▼▲■
7	BL09	60.797°N	178.211°W	159	●◆▼▲■★
8	BL10	61.286°N	177.240°W	118	●◆▼▲■★
9	BL11	61.926°N	176.175°W	93	●◆▼▲■★
10	BL12	62.593°N	175.010°W	71	●◆▼▲■★
11	BL13	63.290°N	173.437°W	67	●◆▼▲■★
12	BL14	63.767°N	172.408°W	44	●◆▼▲■
13	BS01	64.322°N	171.390°W	45	●▼▲■
14	BS02	64.334°N	170.821°W	41	●▼▲■
15	BS03	64.328°N	170.129°W	44	●▼▲■
16	BS04	64.333°N	169.406°W	41	■
17	BS05	64.330°N	168.709°W	40	●▼▲■
18	BS06	64.329°N	168.110°W	35	●▼▲
19	BS07	64.334°N	167.452°W	31	●▼▲■
20	BS08	64.365°N	167.121°W	31	●▼▲■
21	R01	66.211°N	168.753°W	55	●◆▼▲■★
22	R02	66.894°N	168.748°W	39	●◆▼▲■★
23	R03	67.495°N	168.750°W	50	●◆▼▲■★
24	R04	68.193°N	168.761°W	58	●◆▼▲■★
25	R05	68.806°N	168.747°W	55	◆★
26	R06	69.533°N	168.751°W	52	●◆▼▲■★
27	R07	70.333°N	168.750°W	41	●◆▼▲■
28	R08	71.173°N	168.755°W	49	●◆▼▲■★
29	R09	71.993°N	168.737°W	51	●◆▼▲■★
30	R10	72.898°N	168.745°W	61	●◆▼▲■★
31	R11	74.156°N	168.754°W	181	●▼▲■
32	BT26	74.605°N	169.324°W	179	●▼■

序号	站位	纬度	经度	当地水深(m)	采样要素
33	BT13	74.746°N	167.857°W	248	●▼■
34	BT14	75.034°N	167.816°W	168	●▼■
35	BT15	75.337°N	167.807°W	163	●▼
36	BT16	75.641°N	167.817°W	193	●▼■
37	M14	76.034°N	171.980°W	2012	●▼■
38	M13	75.607°N	171.996°W	1490	●▼■
39	M12	75.207°N	172.009°W	475	●▼■
40	BT25	74.741°N	171.211°W	257	●▼■
41	BT12	74.322°N	167.817°W	265	●▼■
42	BR11	63.901°N	167.478°W	35	★
43	BR10	63.401°N	167.939°W	33	●◆▼▲■
44	BR09	62.907°N	168.427°W	40	●◆▼▲■
45	BR08	62.405°N	168.897°W	35	●◆▼▲■
46	BR07	61.653°N	169.677°W	44	●◆▼▲■★
47	BR06	60.905°N	170.354°W	52	●◆▼▲■
48	BR05	59.899°N	171.307°W	70	●◆▼▲■★
49	BR04	58.907°N	172.254°W	98	●◆▼▲■
50	BR03	58.405°N	172.735°W	107	●◆▼▲■
51	BR02	57.902°N	173.226°W	118	●◆▼▲■★
52	BR01	57.405°N	173.698°W	132	●◆▼▲■
53	BR00	56.950°N	174.090°W	1684	●◆★

注：●代表第4.3节的海水化学要素；
◆代表第4.4节的沉积化学要素；
▼代表第4.6节的海水酸化要素；
▲代表第4.7节的二甲基硫和挥发性卤代烃要素；
■代表第4.8节的微量元素要素；
★代表第4.9节的人工核素中沉积物放射性核素。

4.3.4　调查数据/样品初步分析结果

BL断面位于白令海西侧，在阿留申群岛以北，白令海峡以南。该断面跨越白令海海盆区和陆架区。从图4.3.4中可以看出，该断面上水体亚硝酸盐含量有着明显的垂向分布规律，随水深增加，硝酸盐浓度呈显著降低趋势。其中，在54°—60°N范围内，高浓度硝酸盐集中分布在表层200 m以浅深度范围内，最高浓度出现在BL08站位42 m深度，达到了0.58 μmol/L。在200 m以深区域，亚硝酸盐含量极低，部分层次浓度甚至低于检测下限。就白令海海盆区和陆架区相比较而言，海盆区表层水体亚硝酸盐浓度整体上明显高于陆架区亚硝酸盐浓度。在BL11站位亚硝酸盐浓度未出现明显层次变化，表现出了较强的垂直混合过程。

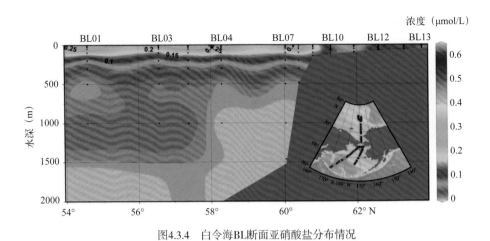

图4.3.4 白令海BL断面亚硝酸盐分布情况

Figure 4.3.4 Distribution of nitrite along the BL transect in the Bering Sea

BL 断面水体铵盐浓度在垂直方向上和亚硝酸盐分布情况类似，即表层水体铵盐浓度明显高于深层水体，高浓度铵盐主要分布在表层 100 m 以浅水体。然而，就陆架区和海盆区相比较而言，陆架区水体铵盐浓度总体上高于深水区，尤其是在靠近白令海峡的 BL12 位和 BL13 位这两个站位，铵盐浓度明显较高，该断面铵盐浓度最高值出现在 BL13 站位的 50 m 深度，达到了 6.21 μmol/L，这一现象表明，陆架区沉积物中有机质再矿化过程有可能对此区域铵盐再生起着重要贡献作用。

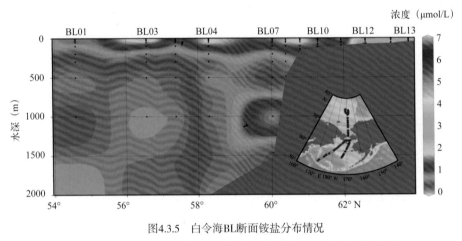

图4.3.5 白令海BL断面铵盐分布情况

Figure 4.3.5 Distribution of ammonia along the BL transect in the Bering Sea

BS 断面位于白令海峡南侧自西向东延伸，由于该区域水深较浅，垂直混合作用显著，水体亚硝酸盐含量在垂向上并未呈现出显著变化规律。但是，由于该断面横跨在此交汇的阿那德尔流、北太平洋入流以及阿拉斯加沿岸流等多个水团，因此，该断面营养盐分布的垂向混合锋面明显。从图 4.3.6 中可以明显看出，该断面西侧亚硝酸盐含量明显高于东侧，亚硝酸盐浓度最高值出现在 BS02 站位的表层水体中，达到了 0.20 μmol/L。

该断面西侧水体铵盐呈现出了较明显的垂向混合，而在靠近阿拉斯加一侧，水体铵盐浓度还是呈现出了较明显的垂向分布情况，越接近沉积物底界面，铵盐浓度越高。此外，从图 4.3.7 中同样可以明显看出，东、西两侧至少有两种营养盐含量不同的水团相互混合。该断面上铵盐浓度最高值出现在 BS03 站位的底层水体中，达到了 3.14 μmol/L，这进一步显示了沉积物底界面对上覆水体铵盐浓度有着潜在的重要贡献。

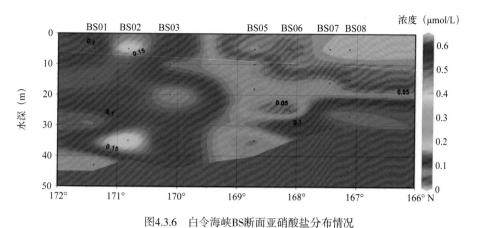

图4.3.6　白令海峡BS断面亚硝酸盐分布情况

Figure 4.3.6　Distribution of nitrite along the BS transect in the Bering Strait

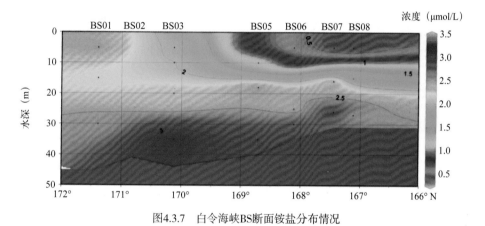

图4.3.7　白令海峡BS断面铵盐分布情况

Figure 4.3.7　Distribution of ammonia along the BS transect in the Bering Strait

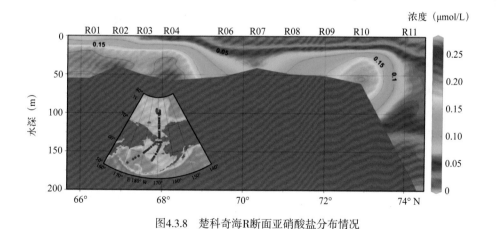

图4.3.8　楚科奇海R断面亚硝酸盐分布情况

Figure 4.3.8　Distribution of nitrite along the R transect in the Chukchi Sea

　　R断面位于白令海峡以北，是一条横跨楚科奇海陆架陆坡区的南北向断面，与白令海陆架区相比，楚科奇海陆架区水体亚硝酸盐含量垂向分布规律更加明显，水体中亚硝酸盐含量随水深明显增加，垂向混合作用较弱。R断面是历次北极科考中布设的一条长期监测断面，通过与以往观测数据相比较，68°N和73°N这两个站点仍然是亚硝酸盐分布的高值区，其中最高浓度出现在R04站位的次表层水体中，达到了 0.27 μmol/L。

该断面水体中铵盐分布情况和亚硝酸盐非常相似，浓度高值也是出现在了 68°N 和 73°N 的位置，且越接近沉积物底界面铵盐浓度越高，其中，铵盐浓度最高值位于 R09 站位，达到了 6.64 μmol/L，这一浓度也是本航次所监测到的铵盐最高值。在陆架区以北的 R11 站位，铵盐浓度明显下降，这表明，陆架区营养盐再生过程产生的营养盐能够随着太平洋入流，输送至北冰洋，为北冰洋初级生产过程提供营养物质支撑。

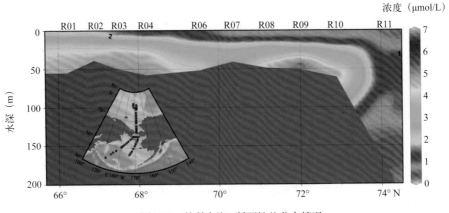

图4.3.9　楚科奇海R断面铵盐分布情况

Figure 4.3.9　Distribution of ammonia along the R transect in the Chukchi Sea

4.4　沉积化学

沉积化学重点海域断面调查总共完成了 27 个站位表层箱式样品采集，拟进行有机碳、氮及其稳定同位素、有机标志物、正构烷烃及甾醇等参数分析。

4.4.1　执行人员

自然资源部第二海洋研究所的杨佰娟负责沉积化学的海表沉积物样品采样工作。

4.4.2　调查设备与仪器

本航次主要使用箱式取样器进行表层沉积物取样。

图4.4.1　表层沉积物箱式取样器

Figure 4.4.1　Surface sediment box-sampler

4.4.3 调查站位与工作量

（1）站位图

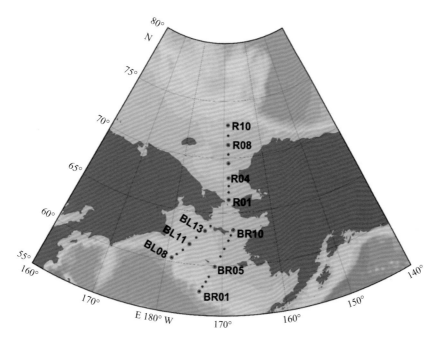

图4.4.2　沉积化学采样站位

Figure 4.4.2　Sampling sites of sediment chemistry

（2）站位信息

沉积化学站位信息见表 4.3.2。

4.4.4　调查数据 / 样品初步分析结果

本航次获取的沉积物表层样品主要呈棕色及褐色（图 4.4.3），拟开展的有机碳、氮及其稳定同位素、有机标志物、正构烷烃及甾醇等参数分析需将样品带回国内实验室进行检测。

图4.4.3　沉积物样品保存

Figure 4.4.3　Sediment samples

4.5 大气化学

在走航路线上开展大气气溶胶采集，大气气溶胶采样为平均 2 天一个样品，共采集了 14 张膜样品。开展大气化学成分样品采集，2 天采集一个膜样，共采集了 14 个样品。

4.5.1 执行人员

表4.5.1 大气化学考察人员及航次任务情况
Table 4.5.1 Information of scientists from the atmospheric chemistry group

考察人员	作业分工
江泽煜	大气气溶胶采集
李杨杰	大气化学成分膜样采集

4.5.2 调查设备与仪器

气溶胶采集器，配置有大气采集流量计，风速、风向控制装置，能有限采集大气气溶胶样品。

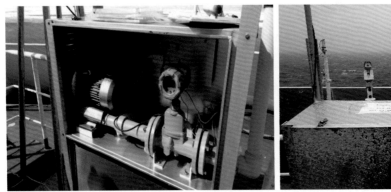

图4.5.1 气溶胶采集器
Figure 4.5.1 Field operations of aerosol sampling

4.5.3 调查站位与工作量

（1）站位图

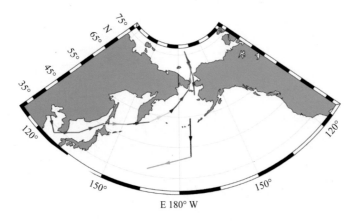

图4.5.2 大气化学采样站位
Figure 4.5.2 Sampling sites of atmospheric chemistry

（2）站位信息

表4.5.2　大气化学采样站位

Table 4.5.2　Information of sampling sites of atmospheric chemistry

站位	日期	纬度	经度
1	2019-08-15	33.02°N	125.55°E
2	2019-08-17	38.25°N	133.39°E
3	2019-08-19	45.46°N	141.15°E
4	2019-08-21	49.06°N	151.54°E
5	2019-08-23	52.14°N	163.14°E
6	2019-08-25	56.36°N	174.36°E
7	2019-08-27	58.43°N	178.25°E
8	2019-08-29	63.58°N	172.01°W
9	2019-08-31	70.39°N	168.45°W
10	2019-09-02	76.02°N	172.00°W
11	2019-09-05	67.43°N	168.58°W
12	2019-09-09	54.22°N	174.44°W
13	2019-09-13	41.45°N	175.22°W
14	2019-09-16	37.14°N	166.21°E

4.5.4　调查数据 / 样品初步分析结果

走航路线上的大气气溶胶放射性核素（^7Be、^{210}Pb、^{134}Cs、^{137}Cs）的分析结果显示：（1）第十次北极考察期间气溶胶中 ^{134}Cs、^{137}Cs 均低于检测限，表明在调查期间未检测到相关的人工放射性核素；（2）^7Be、^{210}Po 和 ^{210}Pb 3 种放射性核素，已被广泛应用于包括大气来源和输送、海洋颗粒物循环及沉积过程的研究。调查期间，气溶胶中 ^7Be 的活度范围为（2.5 ~ 42.4）$\times 10^{-4}$ Bq/m^3，气溶胶中 ^{210}Pb 的活度范围为（0.9 ~ 6.7）$\times 10^{-4}$ Bq/m^3。^7Be 和 ^{210}Pb 存在较明显的区域性差异。

4.6　海水酸化

海洋酸化监测在重点海域断面调查总共完成了 49 个 CTD 站位的水样，共采集 DIC 及总碱度等样品 800 余个；表层海水和大气 pCO$_2$ 进行了日常走航观测，共获得约 5.2 MB、2 万多组的数据。

4.6.1　执行人员

来自自然资源部第三海洋研究所孙恒负责走航 pCO$_2$ 观测、DIC 及总碱度样品采集等工作。

4.6.2　调查设备与仪器

走航 pCO$_2$ 观测采用海 – 气走航 pCO$_2$ 观测系统分析，购于美国 APOLLO 公司，型号为 AS-P2。本测量系统主要由 4 个部分组成：（1）一个高湿度的分区，其中包括一个水样过滤器、一个装有传感器的气液平衡器、一个用于将水蒸气冷凝的冷却垫；（2）一些阀门和部分干燥系统；（3）一个 Li-Cor LI-7000 非色散二氧化碳分析仪器；（4）其他部件，其中包括一个多通道阀门、一个气体流动控制器和其他电子设备。采用源自国家标准物质中心的 4 瓶 8 L 不同浓度的 CO_2 标准气体进行定期的标定，该方法的测定精确度可达 0.01 μatm（1 atm=1.013 25 × 10^5 Pa）。

图4.6.1　走航 pCO_2 观测系统

Figure 4.6.1　Underway pCO_2 system

4.6.3　调查站位与工作量

（1）站位图

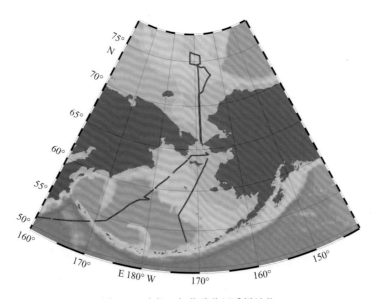

图4.6.2　走航二氧化碳分压采样站位

Figure 4.6.2　Sampling sites of underway pCO_2

（2）站位信息

海洋酸化站位信息见表 4.3.2。

4.6.4　调查数据／样品初步分析结果

2019 年 8 月至 9 月在白令海走航观测的 pCO_2 时空分布图（图 4.6.3）。本次的观测覆盖了白令海盆和白令陆架陆坡区，可以描绘出整个白令海的 pCO_2 源汇状况。白令海全部 pCO_2 观测数据平均为

（327±65）µatm，最大值为 626 µatm，位于白令海峡西部上升流区；最小值为 174 µatm，位于白令海陆架区。白令海表层 pCO_2 分布状况由低到高：白令海中部陆架区、白令海东部陆架区、白令海盆区、白令海峡西部上升流区。航次期间白令海走航观测的大气 pCO_2 平均值为 387 µatm。由此可见，除了白令海峡上升流区外，在夏季大部分白令海的表层 pCO_2 是不饱和的，是大气 CO_2 的净汇区。夏季白令海盆区 pCO_2 的分布由从南向北水温冷却的驱动，受溶解度泵（物理泵）因素的主控；陆架区由于强烈的浮游植物初级生产，而主要受到生物泵的影响；在受到阿拉斯加沿岸流影响的东部陆架区域，则受到水团混合、有机质降解和生物作用的复杂影响；在白令海峡上升流区，pCO_2 是受到水文物理因素的主控，是一个大气 CO_2 源区；除上升流区外，白令海峡则是可能受到不同水团及其混合的主控。

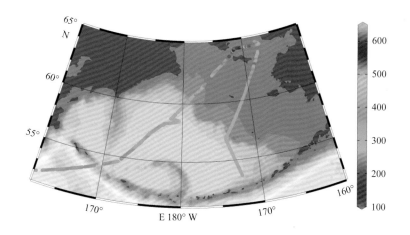

图4.6.3　白令海表层海水二氧化碳分压的分布（µatm）

Figure 4.6.3　Distributions of surface pCO_2 (µatm) in the Bering Sea

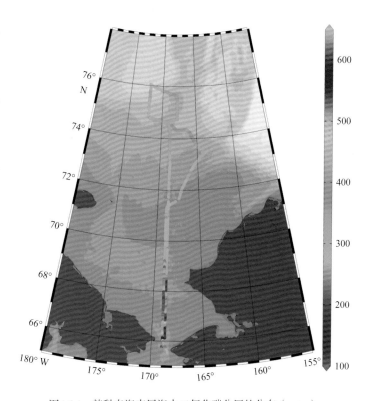

夏季楚科奇海陆架区的 pCO_2 值非常低，在 121～576 µatm 之间波动，平均值为（294±62）µatm（图 4.6.4）。最高值位于白令海峡口附近，最低值位于楚科奇海陆架。整体分布呈现出从南到北先降低再升高的趋势。整体而言，除靠近白令海峡口附近的区域外，楚科奇海的表层海水 pCO_2 值远低于大气水平（约 387 µatm），是一个非常强的大气 CO_2 的净汇区，这与以往北极航次的研究结果一致。陆架区由于源自北太平洋富含营养盐入流水的注入，保持着高速率的季节性初级生产力和净群落生产力，从表层水中去除无机碳和有机碳导致了海水 pCO_2 的低值，这是保持楚科奇海在夏季是一个强汇区的主要原因。由于海冰融化严重，海冰融化水的稀释也可能是导致楚科奇海低 pCO_2 的原因。

图4.6.4　楚科奇海表层海水二氧化碳分压的分布（µatm）

Figure 4.6.4　Distributions of surface pCO_2 (µatm) in the Chukchi Sea

4.7　二甲基硫

本航次完成了海水二甲基硫和挥发性卤代烃的样品采集，主要完成 BL 断面、BS 断面、R 断面和 BR 断面共 4 个断面 39 个站位 214 个二甲基硫样品和 214 个挥发性卤代烃样品的采集、固定及妥善保存，待回陆地实验室进行分析测试。

4.7.1　执行人员

来自自然资源部第一海洋研究所的孙霞负责海水二甲基硫等样品采集工作。

4.7.2　调查设备与仪器

使用 Rossete 采水器分层采集海水。水样采集后使用氯化汞固定，以排除生物的影响。

4.7.3　调查站位与工作量

（1）站位图

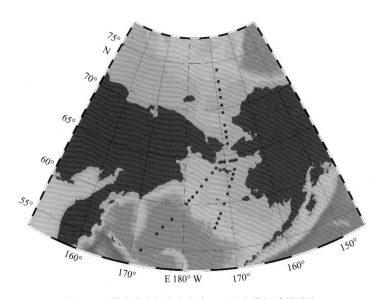

图4.7.1　第十次北极考察海水DMS和卤代烃采样站位
Figure 4.7.1　Sampling sites of DMS and VHCs in 10th CHINARE

（2）站位信息

DMS 和卤代烃站位信息见表 4.3.2。

4.7.4　调查数据 / 样品初步分析结果

本航次完成了海水二甲基硫和卤代烃的样品采集，主要完成 BL 断面、BS 断面、R 断面和 BR 断面共 4 个断面 39 个站位 214 个二甲基硫样品和 214 个挥发性卤代烃样品的采集，并加饱和氯化汞固定，于 4℃冷库妥善保存，待回陆地实验室用气象色谱分析二甲基硫和卤代烃含量。

4.8　微量元素

此次考察微量元素样品采集从 8 月 24 日 BL01 站开始，到 9 月 8 日 BR01 站结束，一共获得 48 个站位，285 个海水样品，其中白令海区 164 个，北冰洋海区 121 个。

4.8.1 执行人员

来自自然资源部第一海洋研究所的陈发荣负责微量元素样品采集工作。

4.8.2 调查设备与仪器

样品采集通过使用 Rossete 采水器分层采集海水完成。

4.8.3 调查站位与工作量

（1）站位图

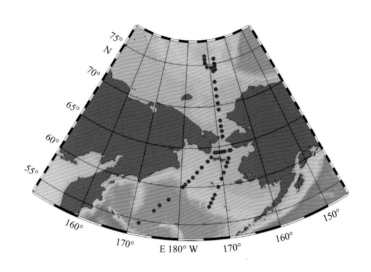

图4.8.1　微量元素采样站位

Figure 4.8.1　Sampling sites of trace element

（2）站位信息

微量元素站位信息见表 4.3.2。

4.8.4 调查数据 / 样品初步分析结果

此次考察微量元素环境监测一共获得了 48 个站位，285 个海水样品。

采样站位最大水深 3910 m，为 BL01 站，采水层次一共 10 层，最大采水深度 2000 m，采水层次 10 层的站位有：BL01 站，BL03 站，B04 站，BL05 站，BL07 站，M14 站，M13 站；最小水深 31 m，为 BS07 站、BS08 站，采水层次一共 3 层。

所有样品均已放入冷库保存，带回国内实验室进行微量元素检测和分析。

4.9 人工核素

海洋人工放射性核素在北极－亚北极－北太平洋海域完成了 12 个表层海水站位和 6 个重点海域深层水站位的调查，共采集了 106 个海水样品，总采样体积达到了 7.5 m³；进行表层海水取样，获得 58 个载铯滤芯；沉积物采集了 19 个表层沉积物，5 个插管柱状样品，重量达到 9.5 kg。

4.9.1　执行人员

表4.9.1　人工放射性核素考察人员及航次任务情况

Table 4.9.1　Information of scientists from the seawater radionuclide

考察人员	作业分工
江泽煜	放射性海水样品、沉积物样品采集
石红旗	走航人工核素铯样品采集

4.9.2　调查设备与仪器

图4.9.1　海水放射性核素铯取样装置

Figure 4.9.1　Samping device of seawater radionuclide cesium

　　走航海水放射性铯航段取样使用来自自然资源部第一海洋研究所海水放射性核素铯取样装置（FCS-1），该富集装置可以进行连续表层海水中放射性铯的富集，进行航段和站位取样。

4.9.3　调查站位与工作量

（1）站位图

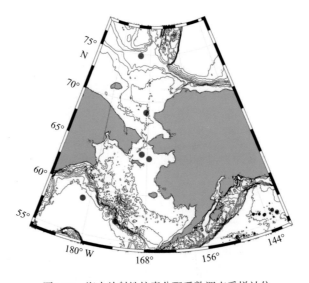

图4.9.2　海水放射性核素分配系数调查采样站位

Figure 4.9.2　Sampling sites of radionuclide's distribution coefficients investigation

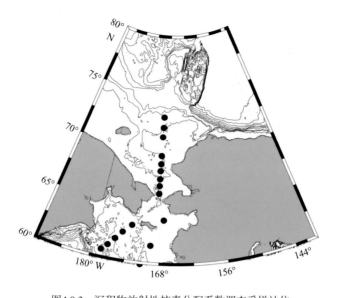

图4.9.3　沉积物放射性核素分配系数调查采样站位

Figure 4.9.3　Sediments sampling sites of radionuclides investigation

（2）站位信息

海水放射性核素分配系数调查和沉积物放射性核素分配系数调查采样站位信息见表 4.3.2。

4.9.4　调查数据/样品初步分析结果

考察期间，完成了样品的部分前处理实验，样品的进一步处理和测量将在陆地实验室完成。海水样品现场通过共沉淀进行富集前处理（磷钼酸铵富集海水中 ^{134}Cs、^{137}Cs；碳酸盐沉淀富集海水中 ^{90}Sr）。收集磷钼酸铵沉淀，带回实验室用 γ 能谱仪测量 ^{134}Cs、^{137}Cs；收集碳酸盐，带回实验室进一步分离、分析 ^{90}Sr。颗粒有机碳样品富集沉淀后由滤膜抽滤，滤膜由锡纸和密实袋封装保存（图 4.9.4），并放置于冰箱中冷冻保存，带回实验室进一步分离、检测、分析。

获取的载铯样芯（图 4.9.5）和沉积物样品带回实验室用伽马谱仪分析，拟获得表层海水中放射性核素铯 –137（铯 –134，若有）活度浓度结果，表层沉积物中放射性核素铀 –238、镭 –226、钾 –40（铯 –137，若有）活度浓度结果。

图4.9.4　Po-Pb样品保存示图

Figure 4.9.4　Po-Pb samples

图4.9.5　载铯样芯

Figure 4.9.5　Samples contains Se

4.10　微塑料

为掌握北极地区微塑料的分布现状，中国第十次北极科学考察围绕"向阳红 01"号科学考察船航线上、白令海与楚科奇海等重点海域的微塑料进行了监测。按照《中国第十次北极考察现场实施计划》（以下简称《现场实施计划》）的监测站位设计，共完成了 67 个站位的走航蠕动泵海水微塑料样品、30 个 CTD 微塑料海水样品、11 个微塑料表层拖网样品和 26 个站位的表层沉积物样品的采集。样品均已进行预处理，并于 −20℃保存，回到实验室后将使用显微红外分析技术，对样品中微塑料的含量、种类和形态等要素进行定量分析。

4.10.1　执行人员

来自自然资源部第一海洋研究所的曹为负责微塑料样品采集与预处理工作。

4.10.2　调查设备与仪器

图4.10.1　表层微塑料拖网采样器

Figure 4.10.1　Manta trawl for collecting microplastics from surface water

海洋表层水体微塑料拖网作业和沉积物微塑料采样主要在艉部甲板作业，走航蠕动泵海水采样在舯部甲板作业。表层水体中微塑料的采用自然资源部第一海洋研究所自主研发的表层微塑料拖网采样器进行采集。沉积物中微塑料则与地质调查同步进行，通过箱式采泥器获得沉积物样品。同时，在采样过程中需要借助地质绞车、生化绞车、"A"形架、绞缆机等甲板支撑系统来完成。

图4.10.2　微塑料过滤系统

Figure 4.10.2　Filter system for microplastics

4.10.3　调查站位与工作量

（1）站位图

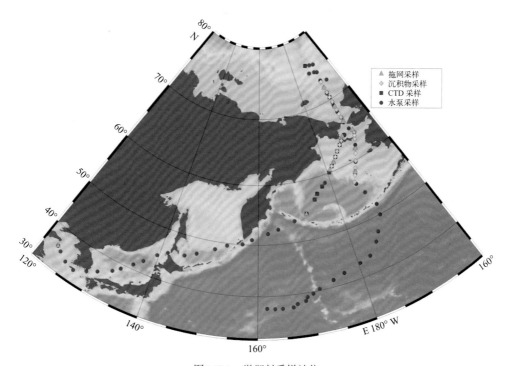

图4.10.3　微塑料采样站位

Figure 4.10.3　Sampling sites of microplastics

（2）站位信息

表4.10.1　微塑料走航采水站位信息
Table 4.10.1　Information of pump sampling stations of microplastics

序号	样品编号	采样时间	纬度	经度	深度	备注
1	BJ10-20190813-001W	22:11	35.78°N	122.62°E	表层	
2	BJ10-20190814-001W	11:01	35.01°N	123.55°E	表层	
3	BJ10-20190814-002W	23:29	33.68°N	125.20°E	表层	
4	BJ10-20190815-001W	10:03	33.10°N	127.09°E	表层	
5	BJ10-20190815-002W	22:29	34.68°N	129.12°E	表层	
6	BJ10-20190816-001W	09:23	35.94°N	130.83°E	表层	
7	BJ10-20190816-002W	22:49	37.76°N	133.09°E	表层	
8	BJ10-20190817-001W	08:00	39.04°N	134.28°E	表层	
9	BJ10-20190817-002W	22:17	41.02°N	136.05°E	表层	
10	BJ10-20190818-001W	08:02	42.50°N	137.53°E	表层	
11	BJ10-20190818-002W	22:16	44.62°N	139.62°E	表层	
12	BJ10-20190819-001W	08:12	45.74°N	141.46°E	表层	
13	BJ10-20190819-002W	21:27	46.23°N	144.81°E	表层	
14	BJ10-20190820-001W	07:03	47.16°N	147.09°E	表层	
15	BJ10-20190820-002W	21:15	48.62°N	150.72°E	表层	
16	BJ10-20190821-001W	07:09	49.59°N	153.15°E	表层	
17	BJ10-20190821-002W	21:19	50.08°N	156.51°E	表层	
18	BJ10-20190822-001W	07:00	50.92°N	158.57°E	表层	
19	BJ10-20190822-002W	21:17	51.95°N	162.17°E	表层	
20	BJ10-20190823-001W	06:02	52.62°N	164.60°E	表层	
21	BJ10-20190823-002W	20:18	53.73°N	168.71°E	表层	
22	BJ10-20190824-001W	06:36	54.58°N	171.87°E	表层	BL01
23	BJ10-20190825-001W	00:26	56.57°N	174.57°E	表层	BL03
24	BJ10-20190825-002W	07:46	57.39°N	175.61°E	表层	BL04
25	BJ10-20190825-003W	18:00	58.30°N	177.42°E	表层	BL05
26	BJ10-20190827-001W	00:49	58.72°N	178.42°E	表层	BL06
27	BJ10-20190827-002W	13:51	60.04°N	179.51°W	表层	BL07
28	BJ10-20190829-001W	05:20	64.33°N	170.68°W	表层	BS02
29	BJ10-20190829-002W	19:15	64.82°N	168.43°W	表层	
30	BJ10-20190830-001W	05:23	66.86°N	168.76°W	表层	R02
31	BJ10-20190830-002W	20:57	69.51°N	168.76°W	表层	R06
32	BJ10-20190831-001W	07:24	71.17°N	168.75°W	表层	R08
33	BJ10-20190831-002W	19:03	73.15°N	168.71°W	表层	R10

序号	样品编号	采样时间	纬度	经度	深度	备注
34	BJ10-20190901-001W	05:03	74.62°N	169.30°W	表层	
35	BJ10-20190901-002W	18:12	75.64°N	167.81°W	表层	BT16
36	BJ10-20190901-003W	22:45	75.82°N	169.87°W	表层	M15
37	BJ10-20190902-001W	04:20	76.04°N	172.03°W	表层	M14
38	BJ10-20190902-002W	19:12	74.8°N	171.96°W	表层	
39	BJ10-20190903-001W	05:02	74.41°N	168.16°W	表层	
40	BJ10-20190903-002W	19:53	72.77°N	165.90°W	表层	
41	BJ10-20190904-001W	05:08	71.03°N	168.99°W	表层	
42	BJ10-20190904-002W	19:09	69.10°N	168.97°W	表层	
43	BJ10-20190905-001W	05:05	67.87°N	168.98°W	表层	
44	BJ10-20190905-002W	19:14	66.03°N	168.94°W	表层	
45	BJ10-20190906-001W	14:53	63.89°N	167.47°W	表层	BR11
46	BJ10-20190907-001W	03:02	62.12°N	169.21°W	表层	
47	BJ10-20190907-002W	19:07	59.79°N	171.43°W	表层	
48	BJ10-20190908-001W	05:52	58.19°N	172.95°W	表层	
49	BJ10-20190908-002W	19:07	56.57°N	173.89°W	表层	
50	BJ10-20190909-001W	05:06	54.64°N	172.87°W	表层	
51	BJ10-20190909-002W	19:10	51.89°N	171.59°W	表层	
52	BJ10-20190910-001W	05:07	49.95°N	171.98°W	表层	
53	BJ10-20190910-002W	20:13	47.36°N	173.92°W	表层	
54	BJ10-20190911-001W	06:07	45.79°N	175.15°W	表层	
55	BJ10-20190911-002W	21:02	43.75°N	177.34°W	表层	
56	BJ10-20190912-001W	07:04	43.16°N	179.65°W	表层	
57	BJ10-20190912-002W	21:09	42.26°N	176.82°E	表层	
58	BJ10-20190913-001W	07:11	41.47°N	174.50°E	表层	
59	BJ10-20190913-002W	21:15	40.37°N	171.59°E	表层	
60	BJ10-20190914-001W	07:04	39.62°N	170.25°E	表层	
61	BJ10-20190914-002W	21:09	39.09°N	169.13°E	表层	
62	BJ10-20190915-001W	07:05	38.32°N	168.74°E	表层	
63	BJ10-20190915-002W	21:14	37.90°N	167.19°E	表层	
64	BJ10-20190916-001W	07:02	37.24°N	166.42°E	表层	
65	BJ10-20190916-002W	21:09	37.18°N	164.48°E	表层	
66	BJ10-20190917-001W	07:07	37.20°N	163.10°E	表层	
67	BJ10-20190917-002W	21:03	37.35°N	161.66°E	表层	

表4.10.2　微塑料CTD采水站位信息
Table 4.10.2　Information of CTD sampling stations of microplastics

序号	样品编号	采样时间	纬度	经度	深度	备注
1	BJ10-20190824-001C	07:18	54.58°N	171.87°E	20	BL01
2	BJ10-20190824-003C	07:18	54.58°N	171.87°E	100	BL01
3	BJ10-20190825-001C	00:26	56.57°N	174.57°E	32	BL03
4	BJ10-20190825-002C	00:26	56.57°N	174.57°E	100	BL03
5	BJ10-20190825-003C	00:26	56.57°N	174.57°E	2000	BL03
6	BJ10-20190825-005C	07:46	57.39°N	175.61°E	28	BL04
7	BJ10-20190825-006C	07:46	57.39°N	175.61°E	100	BL04
8	BJ10-20190825-007C	07:46	57.39°N	175.61°E	2000	BL04
9	BJ10-20190825-008C	18:50	58.30°N	177.42°E	32	BL05
10	BJ10-20190825-010C	18:50	58.30°N	177.42°E	100	BL05
11	BJ10-20190825-011C	18:50	58.30°N	177.42°E	2000	BL05
12	BJ10-20190827-001C	14:42	60.04°N	179.51°W	32	BL07
13	BJ10-20190827-003C	14:42	60.04°N	179.51°W	100	BL07
14	BJ10-20190827-004C	14:42	60.04°N	179.51°W	200	BL07
15	BJ10-20190828-001C	21:55	60.80°N	178.21°W	5	BL09
16	BJ10-20190828-003C	21:55	60.80°N	178.21°W	150	BL09
17	BJ10-20190828-004C	07:41	61.93°N	176.18°W	5	BL11
18	BJ10-20190828-006C	07:41	61.93°N	176.18°W	91	BL11
19	BJ10-20190828-008C	12:44	62.59°N	175.01°W	5	BL12
20	BJ10-20190828-010C	12:44	62.59°N	175.01°W	70	BL12
21	BJ10-20190828-012C	18:28	63.29°N	173.44°W	5	BL13
22	BJ10-20190828-014C	18:28	63.29°N	173.44°W	61	BL13
23	BJ10-20190828-016C	22:03	63.77°N	172.41°W	5	BL14
24	BJ10-20190828-018C	22:03	63.77°N	172.41°W	40	BL14
25	BJ10-20190829-001C	04:52	64.33°N	170.82°W	5	BS02
26	BJ10-20190829-003C	04:52	64.33°N	170.82°W	35	BS02
27	BJ10-20190831-001C	01:51	70.33°N	168.75°W	5	R07
28	BJ10-20190831-003C	01:51	70.33°N	168.75°W	37	R07
29	BJ10-20190902-001C	04:20	76.04°N	172.03°W	100	M14
30	BJ10-20190902-003C	04:20	76.04°N	172.03°W	1967	M14

表4.10.3　微塑料拖网采样站位信息
Table 4.10.3　Information of trawl sampling stations of microplastics

序号	样品编号	采样时间	纬度	经度	深度	备注
1	BJ10-20190813-001T	21:12	35.79°N	122.61°E	表层	实验站
2	BJ10-20190824-001T	08:28	54.59°N	171.88°E	表层	BL01
3	BJ10-20190827-001T	18:12	60.40°N	179.00°W	表层	BL08
4	BJ10-20190828-001T	02:54	61.28°N	177.24°W	表层	BL10
5	BJ10-20190829-001T	03:10	64.32°N	171.39°W	表层	BS01
6	BJ10-20190829-002T	13:45	64.33°N	167.47°W	表层	BS07
7	BJ10-20190830-001T	01:49	66.20°N	168.75°W	表层	R01
8	BJ10-20190830-002T	16:43	68.80°N	168.76°W	表层	R05
9	BJ10-20190831-001T	11:34	71.98°N	168.76°W	表层	R09
10	BJ10-20190907-001T	05:52	61.66°N	169.68°W	表层	BR07
11	BJ10-20190908-001T	04:00	58.40°N	172.73°W	表层	BR03

表4.10.4　微塑料沉积物采样站位信息
Table 4.10.4　Information of sediment sampling stations of microplastics

序号	样品编号	采样时间	纬度	经度	深度	备注
1	BJ10-20190828-001S	21:55	60.80°N	178.21°W	157	BL09
2	BJ10-20190828-002S	02:54	61.28°N	177.24°W	118	BL10
3	BJ10-20190828-003S	07:41	61.93°N	176.18°W	98	BL11
4	BJ10-20190828-004S	12:41	62.59°N	175.01°W	70	BL12
5	BJ10-20190828-005S	18:28	63.29°N	173.44°W	61	BL13
6	BJ10-20190828-006S	22:03	63.77°N	172.41°W	40	BL14
7	BJ10-20190830-001S	02:05	66.21°N	168.75°W	55	R01
8	BJ10-20190830-002S	05:41	66.89°N	168.75°W	43	R02
9	BJ10-20190830-003S	09:32	67.49°N	168.75°W	50	R03
10	BJ10-20190830-004S	13:00	68.19°N	168.76°W	60	R04
11	BJ10-20190830-005S	16:58	68.80°N	168.75°W	55	R05
12	BJ10-20190830-006S	21:07	69.53°N	168.75°W	51	R06
13	BJ10-20190831-001S	01:51	70.33°N	168.75°W	41	R07
14	BJ10-20190831-002S	07:24	71.17°N	168.75°W	48	R08

续表

序号	样品编号	采样时间	纬度	经度	深度	备注
15	BJ10-20190831-003S	11:49	71.99°N	168.74°W	51	R09
16	BJ10-20190831-004S	16:38	72.90°N	168.74°W	61	R10
17	BJ10-20190906-001S	13:58	63.90°N	167.48°W	30	BR11
18	BJ10-20190906-002S	17:59	63.40°N	167.93°W	33	BR10
19	BJ10-20190906-003S	21:41	62.91°N	168.43°W	40	BR09
20	BJ10-20190907-001S	06:07	61.66°N	169.68°W	43	BR07
21	BJ10-20190907-002S	11:19	60.91°N	170.35°W	51	BR06
22	BJ10-20190907-003S	17:33	59.90°N	171.31°W	71	BR05
23	BJ10-20190908-001S	00:59	58.90°N	172.26°W	93	BR04
24	BJ10-20190908-002S	04:15	58.41°N	172.73°W	107	BR03
25	BJ10-20190908-003S	07:58	57.90°N	173.23°W	110	BR02
26	BJ10-20190908-004S	14:21	56.95°N	174.09°W	1653	BR00

4.10.4 调查数据／样品初步分析结果

本次考察，微塑料监测项目共完成了 67 个站位的走航蠕动泵海水微塑料样品、30 个 CTD 微塑料海水样品、11 个微塑料表层拖网样品和 26 个站位的表层沉积物样品的采集。采集范围涵盖日本海、鄂霍次克海、西北太平洋、白令海、楚科奇海、北冰洋公海等海域，为我国进一步掌握北极地区海洋微塑料污染及分布特征提供了重要支撑。在采集到的多个样品中均发现有肉眼可见的红色、绿色、白色等颜色的疑似微塑料的颗粒物，如图 4.10.4 所示的美国专属经济区范围内的 BR03 站位。

目前，已完成了 41 个站位的走航蠕动泵海水样品的视检和鉴定分析，结果表明，西北太平洋、白令海、楚科齐海和北冰洋海域表层海水微塑料样品丰度为 4 ~ 66 个／m³，平均值为 21.0 个／m³。走航蠕动泵样品中主要包含纤维、碎片和颗粒 3 种形貌类型，颜色上以黑色和蓝色的微塑料为主，聚合物成分上以人造丝（rayon）和聚对苯二甲酸乙二醇酯（polyethylene terephthalate，PET）为主。

CTD 微塑料海水样品的鉴定分析已全部完成，结果表明，不同水层的微塑料丰度范围为 16.3 ~ 60.4 个／m³，平均值为 28.2 个／m³，聚合物成分上以 rayon，PET 和聚偏二氯乙烯和聚乙烯的混合物（polyvinylidene chloride+polyethylene，PVDC+PE）为主。另外，表层拖网样品的鉴定分析也已完成，结果显示，微塑料丰度范围为 0.04 ~ 2.5 个／m³，平均值为 0.6 个／m³。在拖网微塑料样品中共检出 733 个微塑料，其中，形状上以纤维状为主，其次为片状微塑料，颜色上以黑色、绿色和蓝色为主，聚合物类型上以 PET 所占比例最高，其次为 rayon 和聚乙烯（polyethylene，PE）。

海洋微塑料监测目前整体上仍处于起步阶段，在采样方法和分析技术上仍有诸多内容亟待完善，本次考察不仅为优化微塑料在极地区域的采样工作提供了基础与经验，而且更为完善和优化当前的监测方案和海洋微塑料在北极海域的技术规程等工作提供了重要信息和支撑。

图4.10.4　BR03站位微塑料拖网采集样品

Figure 4.10.4　Microplastics sample of station BR03

4.11　有机污染物

航次执行期间，有机污染物项目于白令海、西北冰洋海域完成了包括 POPs 水样采集、预处理，POPs 沉积物和大气样品采集，CFCs/SF$_6$ 水样采集等工作。其中，POPs 水样采集站位 13 个，包括进行 ^{210}Po/^{210}Pb、^{234}Th/^{238}U 采样的 6 个站位，采集 POPs 样品 34 个并完成水样过滤、富集等预处理实验；POPs 沉积物样品采集站位 17 个，采集沉积物样品 17 份；POPs 大气样品采集 20 份；CFCs/SF$_6$ 水样采集站位 25 个，采集 CFCs/SF$_6$ 水样 130 份并完成样品焰封实验。

4.11.1　执行人员

来自自然资源部第二海洋研究所的李杨杰负责 POPs 大气样品采集，来自厦门大学的王炜珉负责 POPs 水样和沉积物样品采集、预处理和 CFCs/SF$_6$ 水样焰封等工作。

4.11.2　调查设备与仪器

POPs 水样采集完毕后先进行过滤处理，加入相应替代物后连接至图 4.11.1 所示的蠕动泵装置进行目标物的 C18 小柱富集。CFCs/SF$_6$ 水样采集完毕后则用自行搭建的气路进行氮气保护下的焰封保存。

图4.11.1　POPs富集装置

Figure 4.11.1　Gathering equipment of POPs

4.11.3　调查站位与工作量

（1）站位图

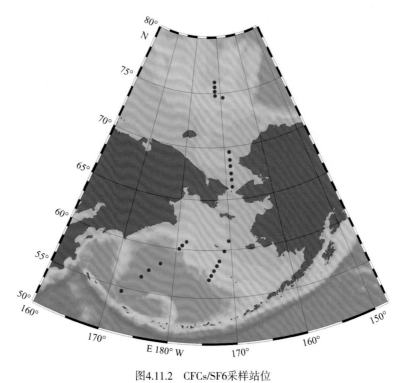

图4.11.2　CFCs/SF6采样站位

Figure 4.11.2　Sampling sites of CFCs/SF$_6$

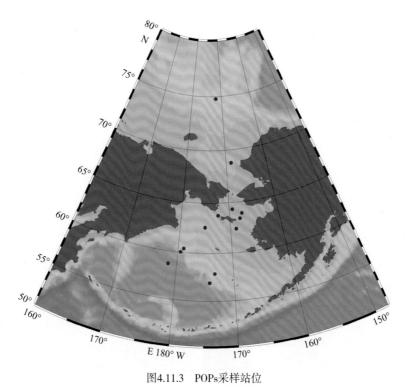

图4.11.3　POPs采样站位

Figure 4.11.3　Sampling sites of POPs

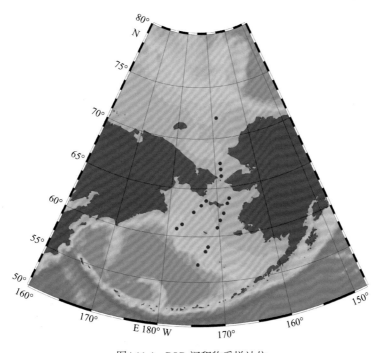

图4.11.4 POPs沉积物采样站位

Figure 4.11.4 Sampling sites of sediment for POPs

（2）站位信息

表4.11.1 大气有机污染物站位信息

Table 4.11.1 Information of sampling stations of atmospheric organic pollutions

开始采样日期	纬度	经度	采样泵体积记录（m³）	样品编号
2019-08-25	56.620°N	174.626°E	6 014 835	10th-01
2019-08-26	58.453°N	179.092°E	6 049 123	10th-02
2019-08-27	59.065°N	178.920°E	6 082 513	10th-03
2019-08-29	63.517°N	172.900°E	6 130 913	10th-04
2019-08-30	66.894°N	168.750°W	6 177 549	10th-05
2019-08-31	70.780°N	168.774°W	6 209 121	10th-06
2019-09-01	75.626°N	167.853°W	6 253 197	10th-07
2019-09-04	71.601°N	167.712°W	6 334 750	10th-08
2019-09-05	65.528°N	168.461°W	6 403 477	10th-09
2019-09-08	58.065°N	173.061°W	6 431 960	10th-10
2019-09-10	50.832°N	171.601°W	6 492 553	10th-11
2019-09-11	46.034°N	174.950°W	6 497 680	10th-12
2019-09-13	41.731°N	175.298°E	6 520 647	10th-13
2019-09-16	37.301°N	166.797°E	6 625 364	10th-14
2019-09-18	37.337°N	161.078°E	6 680 707	10th-15
2019-09-20	34.730°N	152.264°E	6 756 444	10th-16
2019-09-21	32.269°N	146.852°E	6 799 841	10th-17
2019-09-23	30.533°N	138.166°E	6 823 225	10th-18
2019-09-25	31.143°N	128.448°E	6 845 640	10th-19
2019-09-26	34.742°N	122.987°E	6 882 557	10th-20

表4.11.2　海水有机污染物站位信息

Table 4.11.2　Information of sampling stations of seawater organic pollutions

序号	站位编号	采集时间	纬度	经度	采样深度	样品类型
1	BL01	2019-08-24	54.583°N	171.867°E	2000 m	CFCs/SF6
2	BL03	2019-08-25	56.567°N	174.567°E	2000 m	CFCs/SF6
3	BL04	2019-08-25	57.383°N	175.600°E	2000 m	CFCs/SF6
4	BL05	2019-08-26	58.300°N	177.417°E	2000 m	CFCs/SF6
5	BL07	2019-08-27	60.033°N	179.517°W	1463 m	CFCs/SF6
6	BL08	2019-08-28	60.400°N	179.000°W	485 m	CFCs/SF6
7	BL09	2019-08-28	60.800°N	178.217°W	150 m	CFCs/SF6
8	R01	2019-08-30	66.217°N	168.750°W	50 m	CFCs/SF6
9	R02	2019-08-30	66.900°N	168.750°W	39 m	CFCs/SF6
10	R03	2019-08-30	67.500°N	168.750°W	45 m	CFCs/SF6
11	R04	2019-08-30	68.200°N	168.767°W	50 m	CFCs/SF6
12	R05	2019-08-31	68.800°N	168.750°W	45 m	CFCs/SF6
13	R06	2019-08-31	69.533°N	168.750°W	46 m	CFCs/SF6
14	BT26	2019-09-01	74.600°N	169.317°W	190 m	CFCs/SF6
15	M14	2019-09-02	76.033°N	171.950°W	1967 m	CFCs/SF6
16	M13	2019-09-02	75.600°N	172.000°W	1470 m	CFCs/SF6
17	M12	2019-09-02	75.200°N	172.017°W	468 m	CFCs/SF6
18	M11	2019-09-03	74.800°N	171.933°W	200 m	CFCs/SF6
19	BR06	2019-09-07	60.900°N	170.35°W	48 m	CFCs/SF6
20	BR05	2019-09-08	59.900°N	171.300°W	65 m	CFCs/SF6
21	BR04	2019-09-08	58.900°N	172.250°W	93 m	CFCs/SF6
22	BR03	2019-09-08	58.400°N	172.733°W	102 m	CFCs/SF6
23	BR02	2019-09-08	57.900°N	173.233°W	113 m	CFCs/SF6
24	BR01	2019-09-08	57.400°N	173.700°W	120 m	CFCs/SF6
25	BR00	2019-09-09	56.950°N	174.100°W	200 m	CFCs/SF6
26	BL06	2019-08-27	58.717°N	178.417°E	200 m	POPs 水样
27	BL07	2019-08-27	60.033°N	179.517°W	0m	POPs 水样
28	BL08	2019-08-28	60.400°N	179.000°W	0m	POPs 水样
29	BL12	2019-08-28	62.600°N	175.017°W	0m	POPs 水样
30	BL14	2019-08-29	63.767°N	172.400°W	40 m	POPs 水样
31	BS04	2019-08-29	64.333°N	169.400°W	38 m	POPs 水样
32	R05	2019-08-31	68.800°N	168.750°W	45 m	POPs 水样
33	M11	2019-09-03	74.800°N	172.000°W	200 m	POPs 水样
34	BR11	2019-09-06	63.900°N	167.467°W	30 m	POPs 水样
35	BR10	2019-09-07	63.400°N	167.933°W	29 m	POPs 水样
36	BR08	2019-09-07	62.400°N	168.900°W	5 m	POPs 水样
37	BR02	2019-09-08	57.900°N	173.233°W	113 m	POPs 水样

序号	站位编号	采集时间	纬度	经度	采样深度	样品类型
38	BR00	2019-09-09	56.950°N	174.100°W	200 m	POPs 水样
39	BL09	2019-08-28	60.800°N	178.217°W	底层	POPs 沉积物
40	BL10	2019-08-28	61.283°N	177.233°W	底层	POPs 沉积物
41	BL12	2019-08-28	62.600°N	175.017°W	底层	POPs 沉积物
42	BL13	2019-08-29	63.283°N	173.433°W	底层	POPs 沉积物
43	BL14	2019-08-29	63.767°N	172.400°W	底层	POPs 沉积物
44	R01	2019-08-30	66.217°N	168.750°W	底层	POPs 沉积物
45	R02	2019-08-30	66.900°N	168.750°W	底层	POPs 沉积物
46	R03	2019-08-30	67.500°N	168.750°W	底层	POPs 沉积物
47	R09	2019-09-01	72.000°N	168.733°W	底层	POPs 沉积物
48	BR11	2019-09-06	63.900°N	167.467°W	底层	POPs 沉积物
49	BR10	2019-09-07	63.400°N	167.933°W	底层	POPs 沉积物
50	BR08	2019-09-07	62.400°N	168.900°W	底层	POPs 沉积物
51	BR07	2019-09-07	61.667°N	169.683°W	底层	POPs 沉积物
52	BR06	2019-09-07	60.900°N	170.350°W	底层	POPs 沉积物
53	BR04	2019-09-08	58.900°N	172.250°W	底层	POPs 沉积物
54	BR03	2019-09-08	58.400°N	172.733°W	底层	POPs 沉积物
55	BR00	2019-09-09	56.950°N	174.100°W	底层	POPs 沉积物

4.11.4 调查数据／样品初步分析结果

SF_6、CFC-12 和绝大多数 POPs 都属于人为活动释放产生的物质，均可作为水体传输、交换等海洋学过程的示踪剂。随着全球气候的快速变化，开展北冰洋水体演化、传输及生物泵过程的多参数示踪，是研究快速融冰背景下极地海洋环境对气候响应的有效手段，对于揭示北极气－冰－海系统反馈机制具有重要意义。

（1）白令海至西北冰洋中 SF_6 与 CFC-12 的分布存在显著差异

白令海与西北冰洋中 SF_6 与 CFC-12 的浓度变化主要由温度差异造成，因此，两种示踪剂在西北冰洋水柱中的含量都明显高于白令海。表层水中 SF_6 的浓度最高，其中在白令海约为 3 ~ 4 fmol/kg，在西北冰洋约为 4 ~ 5 fmol/kg，水柱中整体呈现浓度随深度增加而减小的趋势，穿透深度约为 1500 m。白令海表层水中 CFC-12 的浓度约为 2 ~ 3 pmol/kg，极大值层位于 200 m 深度附近，西北冰洋表层水中 CFC-12 的浓度约为 3 ~ 4 pmol/kg，受极区多种水团混合与融冰过程的影响，极大值层相对模糊。CFC-12 极大值层以下，其浓度随深度增加而减小，穿透深度约为 2000 m。

（2）陆架区可能存在地下水传输机制

白令陆架与楚科奇陆架区由于水深较浅，只采集表、底两层水样，SF_6 与 CFC-12 均表现出底层高于表层的大致分布概况，且在白令陆架区尤为显著。该现象与 SF_6 在水柱中单调递减的趋势相悖。初步猜想白令陆架可能存在地下水传输机制，其来源可能是北冰洋内的楚科奇陆架水。该猜想尚需更多数据加以佐证。

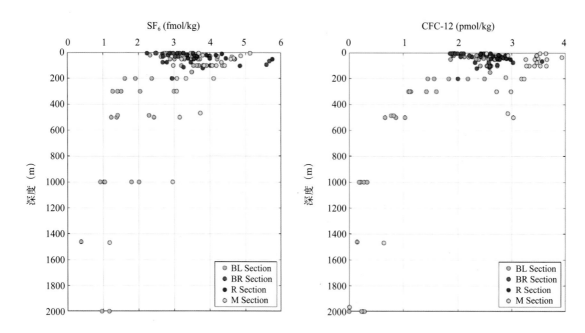

图4.11.5　白令海及西北冰洋中SF$_6$和CFC-12的分布

Figure 4.11.5　Distribution of SF$_6$ and CFC-12 in Bering sea and West-Arctic

通过对这些样品的分析测定，可获得白令海、西北冰洋海域水体中 CFCs/SF$_6$，POPs，大气以及沉积物中 POPs 的分布图景，从而计算北冰洋 – 太平洋扇区上层水体中典型 POPs 物质的生物泵输出通量。

4.12　本章小结

本航次完成了 58 个站位约 4220 份海水化学样品的采集；大气化学共采集了 28 个膜样，沉积化学共完成了 27 个站位的样品采集；海水酸化监测方面，共采集样品 800 个样品，并获得 2 万多组的走航二氧化碳分压数据；放射性核素监测方面完成了 12 个表层海水站位、6 个全水深站位的调查，并首次开展放射性核素铯的走航观测；微塑料监测方面，共采集 67 个表层海水样品、11 个微塑料拖网以及 26 个表层沉积物样品。

本航次继续将探索北极海洋酸化、微塑料和人工核素等热点海洋环境问题固定到业务化监测范畴，为更全面地从碳循环角度认识北极海区对于气候变化的响应及调节作用，评估北极海洋、大气和生物载体的人工放射性核素水平和微塑料含量，认识北极海域微塑料对生态系统潜在危害提供科学支撑。

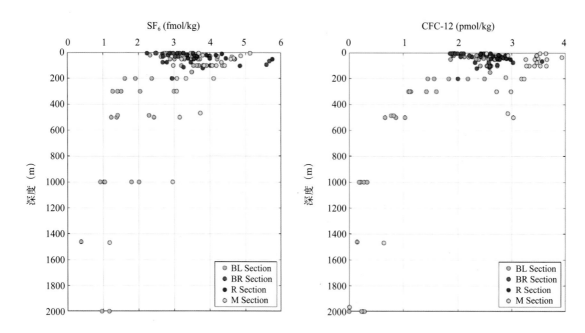

第5章

海洋生物考察

5.1 考察目的和依据

中国第十次北极科学考察在白令海、楚科奇海等重点区域开展生态环境业务化监测。了解监测区域基础环境、物种组成、群落结构等生物学特征；在浅水区开展底拖网调查，同步开展鱼卵、仔稚鱼调查；其他海域根据船时择机开展深水拖网、钓具或笼壶调查，为评估北极生物群落对环境快速变化的响应方式和过程，评价北极生态系统对全球气候变化的响应和反馈提供基础。

5.2 调查内容

中国第十次北极科学考察海洋生物考察主要分为 5 部分内容：微生物、浮游植物、浮游动物、底栖生物和鱼类、底栖生物微塑料。

5.3 微生物

5.3.1 执行人员

本次考察海洋微生物资源调查参与人员共 1 人，来自自然资源部第一海洋研究所的林学政研究员负责，中国科学院海洋研究所张武昌研究员负责报告编写。

5.3.2 调查设备与仪器

底栖生物箱式取样器

规格：50 cm × 50 cm

重量：200 kg

采泥量：约 200 kg

箱式取样器采用重力贯入的原理，可取得海底表层以下 60 cm 范围内的沉积物样品，并可取到约 20 cm 深的上覆水样。适用于各种河流、湖泊、港口和海洋等不同水深条件下各种表层底质的取样工作。

图 5.3.1　箱式取样器

Figure 5.3.1　Sediment box corer

5.3.3　调查站位与工作量

本航次微生物资源调查主要依托重点海域断面调查，共完成以下工作。

水样 7 个：BT13-5 m，BT13-38 m，BT13-248 m；BT15-5 m，BT15-43 m，BT15-110 m，未命名 1 瓶。

沉积物样品 5 个（离心管保存）：R03，R09，BL09，BL10，BL12。

沉积物样品 15 个（小瓶保存）：R01-R08，R10，BL09-BL13，未命名 1 瓶。

5.3.4　调查数据 / 样品初步分析结果

所获得样品均已放入冷库保存，带回国内实验室进行检测和分析。

5.4　浮游植物

5.4.1　执行人员

本次考察海洋浮游植物调查参与人员共 3 人，来自自然资源部第一海洋研究所、中国极地研究中心两家单位，执行微微型和微型浮游生物群落结构与多样性、浮游植物群落结构与多样性、浮游植物生物量等调查任务，执行人员具体分工如下。

表5.4.1　浮游植物调查人员及工作岗位
Table 5.4.1　Team members and positions of biodiversity survey during 10th CHINARE

序号	姓名	性别	单位	工作岗位
1	邵和宾	男	中国极地研究中心	海洋微微型、微型浮游生物调查
2	袁　超	男	自然资源部第一海洋研究所	浮游植物叶绿素、浮游植物调查
3	郑　洲	男	自然资源部第一海洋研究所	浮游植物叶绿素、浮游植物调查

5.4.2　调查设备与仪器

（1）流式细胞仪 BD FACSCalibur

图5.4.1　流式细胞仪BD FACSCalibur
Figure 5.4.1　BD FACSCalibur flow cytometer

该仪器配备 488 n mile 和 633 n mile 两根激光管，可对 FSC、SSC、FL1、FL2、FL3 以及 FL4 荧光信号进行检测，流速分 low、med 和 hi 3 级，最大检测细胞数可达 10 000 个每秒，利用独特的液流系统使得检测目标依次通过检测器，激光管照射检测目标激发荧光，并通过分析检测目标荧光信号种类和强弱来达到区分检测目标的目的，可对水样中微微型浮游植物、微型浮游生物以及浮游细菌进行类群和丰度的检测。

（2）切向流超滤系统

Pall 公司生产，通过切向超滤过程对水体微小颗粒物进行富集。在本次考察中，该仪器用于大体积海水病毒样品的富集。

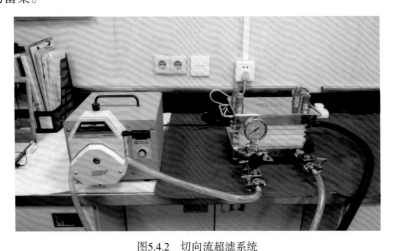

图5.4.2　切向流超滤系统

Figure 5.4.2　Tangential flow filtration system

（3）叶绿素荧光仪

型号：Turner 10-AU

可对叶绿素萃取荧光和活体荧光进行测量，测量精度 0.01 mg/m³。

图5.4.3　叶绿素荧光仪Turner 10-AU

Figure 5.4.3　Chlorophyll fluorometer: Turner 10-AU

（4）海水分级过滤系统

本航次海水过滤系统由 2 个真空泵，2 个真空缓冲瓶、1 个六通支架、5 套 3 层 47 mm 滤器组成，可同时对 5 个海水样品进行三级过滤（本航次分为 2 级），获得各类滤膜样品。

图5.4.4　海水分级过滤系统

Figure 5.4.4　Sea water filtration system

（5）浮游生物垂直拖网

　　浮游植物网的网孔径为 70 μm，用于浮游植物垂直拖网采样。调查站位深度小于 200 m 时，使用浮游植物网自海底 3 m 至表层垂直拖网；水深大于 200 m 时，进行 200 m 到表垂直拖网。网口悬挂流量计，测定过滤水体积。样品用终浓度为 5% 甲醛固定，常温保存。

图5.4.5　浮游生物拖网

Figure 5.4.5　Plankton towing nets

5.4.3　调查站位与工作量

本航次海洋生物调查主要内容包括重点海域断面生物调查和走航生物调查。工作量完成情况如下：依托重点海域断面调查，完成微型和微微型浮游生物调查站位 44 个，其中微型和微微型浮游生物群落结构与多样性调查的站位 36 个、走航宏基因测序采样站位 4 个及微微型浮游生物丰度调查站位 40 个；完成叶绿素 a 调查站位 96 个，其中 CTD 采水站位 41 个，走航站位 55 个；完成浮游植物垂直拖网 18 站。

（1）浮游植物叶绿素

共在 96 个站位获取叶绿素 a 样品 248 个，其中在 55 个走航站位获样品 55 个，在 41 个 CTD 采水站位获样品 193 个。

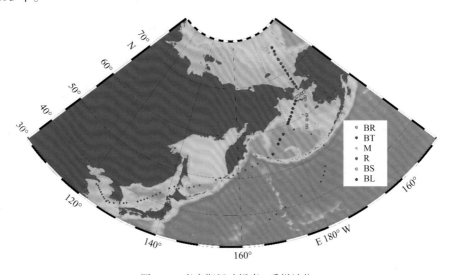

图5.4.6　考察期间叶绿素 a 采样站位

Figure 5.4.6　Sampling stations for Chl a investigation

表5.4.2　考察期间叶绿素 a CTD采水站位信息

Table 5.4.2　Station information of Chl a investigation

序号	站位	纬度	经度	日期	时间	断面
1	BL01	54.584°N	171.871°E	2019-08-24	06:33	BL
2	BL03	56.568°N	174.571°E	2019-08-24	23:29	BL
3	BL04	57.393°N	175.605°E	2019-08-25	07:25	BL
4	BL05	58.298°N	177.419°E	2019-08-25	17:53	BL
5	BL07	60.036°N	179.513°W	2019-08-27	13:42	BL
6	BL08	60.399°N	179.001°W	2019-08-27	17:22	BL
7	BL09	60.797°N	178.211°W	2019-08-27	21:39	CTD
8	BL10	61.286°N	177.240°W	2019-08-28	02:33	BL
9	BL11	61.926°N	176.175°W	2019-08-28	07:22	BL
10	BL12	62.593°N	175.010°W	2019-08-28	12:18	BL
11	BL13	63.290°N	173.437°W	2019-08-28	18:19	BL
12	BL14	63.767°N	172.408°W	2019-08-28	22:07	BL
13	BS01	64.322°N	171.390°W	2019-08-29	02:48	BS

序号	站位	纬度	经度	日期	时间	断面
14	BS02	64.334°N	170.821°W	2019-08-29	04:43	BS
15	BS03	64.328°N	170.129°W	2019-08-29	06:30	BS
16	BS05	64.330°N	168.709°W	2019-08-29	10:12	BS
17	BS06	64.329°N	168.110°W	2019-08-29	12:04	BS
18	BS07	64.334°N	167.452°W	2019-08-29	14:02	BS
19	BS08	64.365°N	167.121°W	2019-08-29	15:14	BS
20	R01	66.211°N	168.753°W	2019-08-30	02:09	R
21	R02	66.894°N	168.748°W	2019-08-30	05:37	R
22	R03	67.495°N	168.750°W	2019-08-30	09:16	R
23	R04	68.193°N	168.761°W	2019-08-30	13:06	R
24	R06	69.533°N	168.751°W	2019-08-30	21:09	R
25	R07	70.333°N	168.750°W	2019-08-31	02:08	R
26	R08	71.173°N	168.755°W	2019-08-31	07:17	R
27	R09	71.993°N	168.737°W	2019-08-31	11:55	R
28	R10	72.898°N	168.745°W	2019-08-31	16:34	R
29	R11	74.156°N	168.754°W	2019-08-31	23:56	R
30	BT13	74.746°N	167.857°W	2019-09-01	07:59	BT
31	BT16	75.641°N	167.817°W	2019-09-01	18:09	BT
32	M14	76.034°N	171.980°W	2019-09-02	02:51	M
33	M13	75.607°N	171.996°W	2019-09-02	10:56	M
34	M12	75.207°N	172.009°W	2019-09-02	14:47	M
35	BR10	63.401°N	167.939°W	2019-09-06	18:11	BR
36	BR09	62.907°N	168.427°W	2019-09-06	21:15	BR
37	BR07	61.653°N	169.677°W	2019-09-07	06:14	BR
38	BR05	59.899°N	171.307°W	2019-09-07	17:26	BR
39	BR04	58.907°N	172.254°W	2019-09-08	00:25	BR
40	BR02	57.405°N	173.698°W	2019-09-08	07:32	BR
41	BR01	56.953°N	174.091°W	2019-09-08	11:27	BR

（2）微型/微微型浮游生物

通过走航调查站位作业，共获取宏基因样品4份，经切向流大体积过滤器将约60 L海水富集后，使用47 mm / 0.2 μm滤膜过滤后获得。依托重点海域断面调查，完成微型和微微型浮游生物调查站位40个，调查内容包括：微微型浮游生物丰度调查（流式细胞仪计数40个站位），共获取微微型浮游植物丰度数据188份，异养浮游细菌丰度数据229份。分子生物学分级样品（36个站位，样品使用47 mm / 20 μm，以及47 mm / 0.2 μm滤膜分级过滤）389份。站位信息与分布见图5.4.7和表5.4.3。

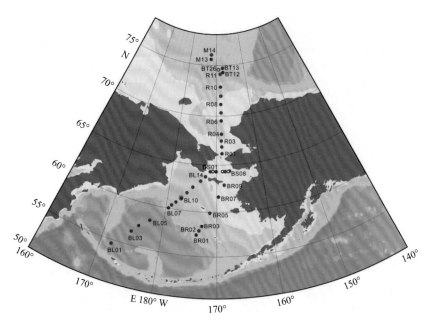

图5.4.7　微型/微微型浮游生物断面调查站位分布 [实心站位是微型/微微型浮游生物丰度和分子生物学（生物多样性）取样站位；空心站位只做微型/微微型浮游生物丰度调查]

Figure 5.4.7　Location map of microbial samples（filled circles are sites of sampling for FCM and biological diversity; empty circle are sites of sampling for FCM）

表5.4.3　微型/微微型浮游生物断面调查站位信息

Table 5.4.3　Station information of microbial samples during section investigation

站位	纬度	经度	采样日期	微微型和微型浮游生物多样性	微微型浮游生物丰度	宏基因取样站位
BL01	54.584°N	171.871°E	2019-08-24	√	√	
BL03	56.568°N	174.571°E	2019-08-24	√	√	
BL04	57.393°N	175.605°E	2019-08-25	√	√	
BL05	58.298°N	177.419°E	2019-08-25	√	√	
BL07	60.036°N	179.513°W	2019-08-27	√	√	
BL08	60.399°N	179.001°W	2019-08-27	√	√	
BL09	60.797°N	178.211°W	2019-08-27	√	√	
BL10	61.286°N	177.240°W	2019-08-28	√	√	
BL11	61.926°N	176.175°W	2019-08-28	√	√	
BL12	62.593°N	175.010°W	2019-08-28	√	√	
BL13	63.290°N	173.437°W	2019-08-28	√	√	
BL14	63.767°N	172.408°W	2019-08-28	√	√	
BS01	64.322°N	171.390°W	2019-08-29	√	√	
BS03	64.328°N	170.129°W	2019-08-29	√	√	
BS05	64.330°N	168.709°W	2019-08-29	√	√	
BS07	64.334°N	167.452°W	2019-08-29	√	√	

站位	纬度	经度	采样日期	微微型和微型浮游生物多样性	微微型浮游生物丰度	宏基因取样站位
R01	66.211°N	168.753°W	2019-08-30	√	√	
R02	66.894°N	168.748°W	2019-08-30	√	√	
R03	67.495°N	168.750°W	2019-08-30	√	√	
R04	68.193°N	168.761°W	2019-08-30	√	√	
R06	69.533°N	168.751°W	2019-08-30	√	√	
R07	70.333°N	168.750°W	2019-08-31	√	√	
R08	71.173°N	168.755°W	2019-08-31	√	√	
R09	71.993°N	168.737°W	2019-08-31	√	√	
R10	72.898°N	168.745°W	2019-08-31	√	√	
R11	74.156°N	168.754°W	2019-09-01	√	√	
BT13	74.746°N	167.857°W	2019-09-01	√	√	
M14	76.034°N	171.980°W	2019-09-02	√	√	
M13	75.607°N	171.996°W	2019-09-02	√	√	
BT12	74.322°N	167.817°W	2019-09-03	√	√	
BR09	62.907°N	168.427°W	2019-09-06	√	√	
BR07	61.653°N	169.677°W	2019-09-07	√	√	
BR05	59.899°N	171.307°W	2019-09-07	√	√	
BR03	58.405°N	172.735°W	2019-09-08	√	√	
BR02	57.902°N	173.226°W	2019-09-08	√	√	
BR01	57.405°N	173.698°W	2019-09-08	√	√	
BS06	64.329°N	168.110°W	2019-08-29		√	
BS08	64.365°N	167.121°W	2019-08-29		√	
BS02	64.334°N	170.821°W	2019-08-29		√	
BT26	74.605°N	169.324°W	2019-09-01		√	
宏-1	45.149°N	145.055°E	2019-08-20			√
宏-2	49.306°N	152.440°E	2019-08-21			√
宏-3	50.973°N	158.778°E	2019-08-22			√
宏-4	53.089°N	166.303°E	2019-08-23			√

（3）浮游生物拖网

利用生物垂直拖网，本航次完成浮游植物采样 18 站，获得浮游植物样品 18 个，站位信息与分布见图 5.4.8 与表 5.4.4。

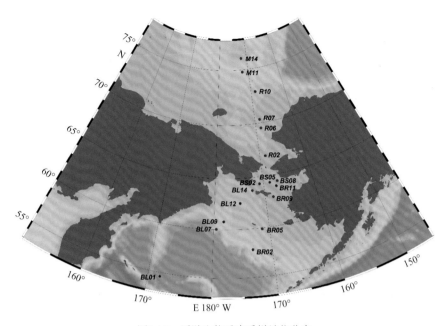

图5.4.8 浮游生物垂直采样站位分布

Figure 5.4.8 Locations of plankton samples

表5.4.4 浮游生物垂直拖网采样记录

Table 5.4.4 Vertical trawls log for plankton samples

站位	纬度	经度	日期	时间	水深（m）	绳长（m）
BL01	54.584°N	171.871°E	2019-08-24	06:33	3910	200
BL07	60.036°N	179.513°W	2019-08-27	13:42	1521	200
BL09	60.797°N	178.211°W	2019-08-27	21:39	157	145
BL12	62.593°N	175.010°W	2019-08-28	12:18	76	70
BL14	63.767°N	172.408°W	2019-08-28	22:07	44	35
BS02	64.334°N	170.821°W	2019-08-29	04:43	41	35
BS05	64.330°N	168.709°W	2019-08-29	10:12	40	35
BS08	64.365°N	167.121°W	2019-08-29	15:14	31	25
R02	66.894°N	168.748°W	2019-08-30	05:37	43	35
R06	69.533°N	168.751°W	2019-08-30	21:09	51	35
R07	70.333°N	168.750°W	2019-08-31	02:08	41	35
R10	72.898°N	168.745°W	2019-08-31	16:34	61	55
M14	76.034°N	171.980°W	2019-09-02	02:51	2012	220
M11	74.803°N	171.995°W	2019-09-02	18:08	326	200
BR11	63.901°N	167.478°W	2019-09-06	14:02	35	27
BR09	62.907°N	168.427°W	2019-09-06	21:15	40	27
BR05	59.899°N	171.307°W	2019-09-07	17:26	71	60
BR02	57.902°N	173.226°W	2019-09-08	07:32	118	100

5.4.4 调查数据/样品初步分析结果

表层叶绿素 a 浓度变化范围为 0.03 ~ 15.75 mg/m³，平均值为 0.95 mg/m³；最高值出现在楚科奇海南部、白令海峡口的 R01 站位，最低值出现在楚科奇海台的 M11 站位。表层叶绿素 a 浓度高值通常在海峡周边海域（对马海峡除外）。在西北太平洋边缘海中，表层叶绿素 a 浓度由大到小依次为白令海（1.09 mg/m³，n=30）、黄海（0.35 mg/m³，n=9）、鄂霍次克海（n=5）、日本海（0.12 mg/m³，n=10）。在白令海和楚科奇海，表层叶绿素 a 浓度由陆架区向深海区逐渐降低。

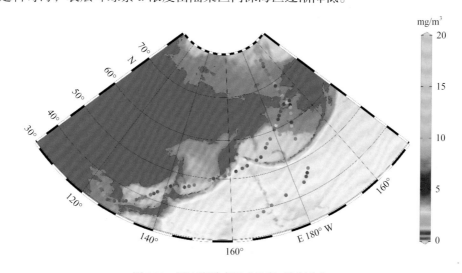

图5.4.9 调查海域表层叶绿素 a 浓度分布

Figure 5.4.9 Surface distribution of Chl a concentration

白令海左侧的 BL 断面叶绿素 a 浓度高值出现在 50 m 以上水层，这可能与研究区域真光层深度较浅有关。如图 5.4.10 所示，叶绿素 a 浓度最大值位于白令海陆架区与海盆交界的 BL07 站位表层，达到 3.98 mg/m³，次大值位于临近的 BL09 站位表层。除 BL07、BL09 两站位外，叶绿素 a 浓度自白令海陆架区向海盆区降低，且存在显著的 SCM 层。SCM 层的叶绿素 a 浓度均值为 0.69 mg/m³，深度范围为 15 ~ 42 m。

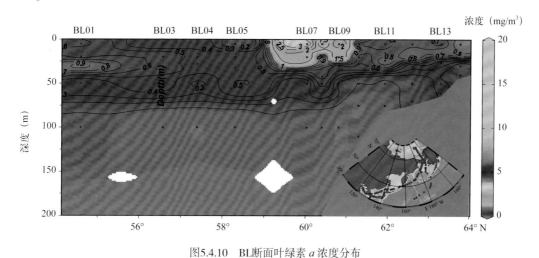

图5.4.10 BL断面叶绿素 a 浓度分布

Figure 5.4.10 Chl a concentration distribution along section BL at Bering Sea

白令海右侧的 BR 断面叶绿素 a 浓度自白令海峡口的 BR10 站位向南逐渐降低，最大值位于 BR10

站位表层（4.71 mg/m³）。从垂直分布上来看，叶绿素 a 浓度高值（>0.30 mg/m³）主要分布上层，仅在 BR05 站位的 15 m 层存在显著的 SCM 层（1.05 mg/m³）。在深水区（>50 m），BR 断面的叶绿素 a 浓度高值厚度比 BL 断面要浅。

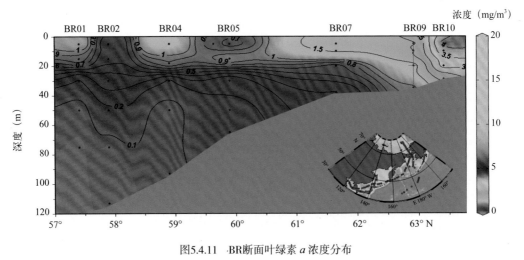

图5.4.11 BR断面叶绿素 a 浓度分布

Figure 5.4.11　Chl a concentration distribution along section BR at Bering Sea

　　白令海峡的 BS 断面是研究太平洋入流水的重要地点（图 5.4.12）。从水团组成来看，白令海峡从西到东分别是阿纳德尔水、白令海陆架水和阿拉斯加沿岸水。阿纳德尔水低温高盐高营养盐，而阿拉斯加沿岸水高温低盐低营养盐，白令海陆架水理化性质介于两者之间。白令海峡的 BS 断面表层叶绿素 a 浓度范围为 0.33 ~ 1.46 mg/m³。叶绿素 a 浓度垂向分布较为均匀，这可能与 BS 断面水深较浅且水体混合剧烈有关。叶绿素 a 浓度在 BS05 站位出现最大值，向两侧逐渐降低。BS 断面东侧的叶绿素 a 浓度要显著高于西侧。叶绿素 a 浓度最大值（2.88 mg/m³）出现在 BS05 站位的 15 m，最小值（0.33 mg/m³）位于 BS02 站位的表层。

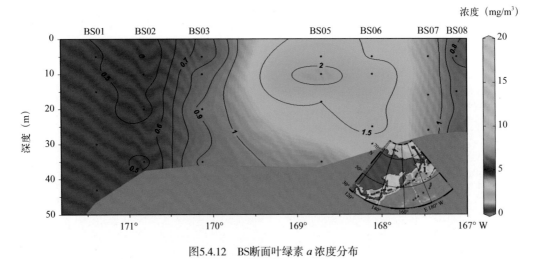

图5.4.12　BS断面叶绿素 a 浓度分布

Figure 5.4.12　Chl a concentration distribution along section BS at Bering Strait

　　楚科奇海的 R 断面表层叶绿素 a 浓度范围为 0.03 ~ 15.75 mg/m³，最大值位于 R01 站位，最小值位于 M13 站位（图 5.4.13）。叶绿素 a 浓度自白令海峡口的 R01 站位向北冰洋海盆区逐渐降低。在 R01 站位到 R04 站位，叶绿素 a 浓度自表层向底层逐渐降低。在 R06 站位以北，各站位均存在明显的 SCM 层。SCM 层深度在 20 ~ 30 m 之间。SCM 层的叶绿素 a 浓度在 R09 站位达到最大（2.03 mg/m³），其强度向北逐渐减弱。

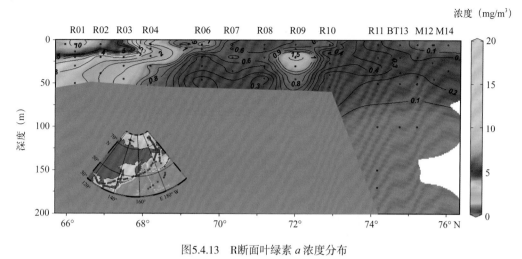

图5.4.13　R断面叶绿素 *a* 浓度分布
Figure 5.4.13　Chl *a* concentration distribution along section R at Chukchi Sea

5.5　浮游动物

5.5.1　执行人员

本次考察海洋浮游动物调查由来自中国科学院海洋研究所的张武昌研究员负责，执行浮游动物群落结构与多样性的调查任务。

5.5.2　调查设备与仪器

（1）浮游生物垂直拖网

浮游动物网按国标 GB/T 12763.6—2007 采用大型浮游生物网（网孔径为 500 μm，网口面积 0.5 m²，网长 2.8 m）和中型浮游生物网（网孔径为 160 μm，网口面积 0.2 m²，网长 2.8 m）进行采集。

调查站位深度小于 200 m 时，使用浮游生物网从离海底 3 m 到表层垂直拖网；水深大于 200 m 时，进行 200 m 到表层垂直拖网。网口悬挂流量计，测定过滤水体体积（图5.5.1）。样品用甲醛固定，浓度为 5%，常温保存。

（2）微型浮游动物走航采样小网

采样小网的网孔直径 10 μm，每个样品过滤海水 50 L。样品用鲁哥氏试剂固定，浓度为 1%，常温保存于 250 ml 样品瓶中。

图5.5.1　浮游生物拖网（从左至右：中型浮游动物网、浮游植物网、大型浮游动物网）
Figure 5.5.1　Plankton Towing Nets (from left to right: mesozooplankton net, phytoplankton net, large zooplankton net)

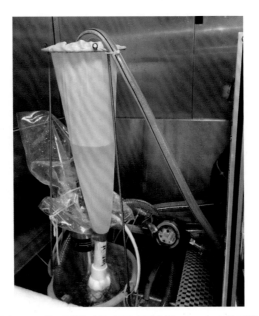

图5.5.2 微型浮游动物小网（网孔径10 μm）走航采样

Figure 5.5.2 Microzooplankton Net (mesh aperture 10 μm) sampling while cruising

5.5.3 调查站位与工作量

本航次海洋生物调查主要内容包括重点海域断面生物调查和走航生物调查。依托重点海域断面调查，获取 18 个站位的大中型浮游动物垂直拖网样品，在 44 个站位获得 221 个微型浮游动物水样；获取走航微型浮游动物网样 140 余个。

（1）浮游生物拖网

利用浮游生物垂直拖网，本航次完成大中型浮游动物采样 18 站，获得浮游动物样品 36 个，站位信息与分布见图 5.4.8 与表 5.4.4。

（2）微型浮游动物水样

在 44 个站位采集微型浮游动物水样 221 个。每个样品的取样体积为 1 L，用 1% 浓度的鲁哥氏试剂固定，常温保存。

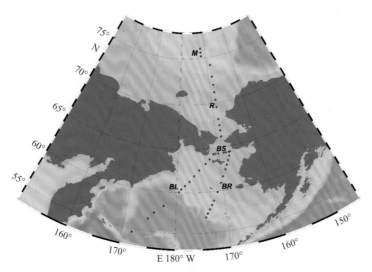

图5.5.3 微型浮游动物CTD采样站位分布

Figure 5.5.3 Locations of Microzooplankton Water Samples

表5.5.1　微型浮游动物采样记录

Table 5.5.1　Stations for microzooplankton samples

序号	站位	纬度	经度	采集日期
1	BL01	54.584°N	171.871°E	2019–08–24
2	BL03	56.568°N	174.571°E	2019–08–24
3	BL04	57.393°N	175.605°E	2019–08–25
4	BL05	58.298°N	177.419°E	2019–08–25
5	BL07	60.036°N	179.513°W	2019–08–27
6	BL08	60.399°N	179.001°W	2019–08–27
7	BL09	60.797°N	178.211°W	2019–08–27
8	BL10	61.286°N	177.240°W	2019–08–28
9	BL11	61.926°N	176.175°W	2019–08–28
10	BL12	62.593°N	175.010°W	2019–08–28
11	BL13	63.290°N	173.437°W	2019–08–28
12	BL14	63.767°N	172.408°W	2019–08–28
13	BS01	64.322°N	171.390°W	2019–08–29
14	BS02	64.334°N	170.821°W	2019–08–29
15	BS03	64.328°N	170.129°W	2019–08–29
16	BS05	64.330°N	168.709°W	2019–08–29
17	BS06	64.329°N	168.110°W	2019–08–29
18	BS07	64.334°N	167.452°W	2019–08–29
19	BS08	64.365°N	167.121°W	2019–08–29
20	R01	66.211°N	168.753°W	2019–08–30
21	R02	66.894°N	168.748°W	2019–08–30
22	R03	67.495°N	168.750°W	2019–08–30
23	R04	68.193°N	168.761°W	2019–08–30
24	R06	69.533°N	168.751°W	2019–08–30
25	R07	70.333°N	168.750°W	2019–08–31
26	R08	71.173°N	168.755°W	2019–08–31
27	R09	71.993°N	168.737°W	2019–08–31
28	R10	72.898°N	168.745°W	2019–08–31
29	R11	74.156°N	168.754°W	2019–08–31
30	M14	76.034°N	171.980°W	2019–09–02
31	M13	75.607°N	171.996°W	2019–09–02
32	M12	75.207°N	172.009°W	2019–09–02
33	BR11	63.901°N	167.478°W	2019–09–06
34	BR10	63.401°N	167.939°W	2019–09–06
35	BR09	62.907°N	168.427°W	2019–09–06
36	BR08	62.405°N	168.897°W	2019–09–07
37	BR07	61.653°N	169.677°W	2019–09–07

序号	站位	纬度	经度	采集日期
38	BR06	60.905°N	170.354°W	2019-09-07
39	BR05	59.899°N	171.307°W	2019-09-07
40	BR04	58.907°N	172.254°W	2019-09-08
41	BR03	58.405°N	172.735°W	2019-09-08
42	BR02	57.902°N	173.226°W	2019-09-08
43	BR01	57.405°N	173.698°W	2019-09-08
44	BR00	56.953°N	174.091°W	2019-09-08

（3）微型浮游动物网样

共获得走航微型浮游动物样品 140 余个。采样站位见图 5.5.4。样品用鲁哥氏试剂固定，浓度为 1%，常温保存于 250 mL 样品瓶中。

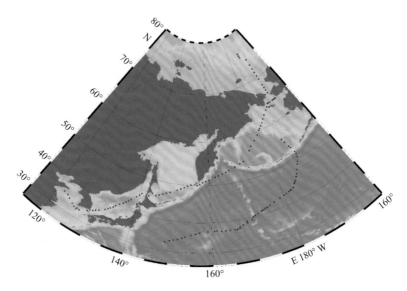

图5.5.4　微型浮游动物走航采样站位分布

Figure 5.5.4　Locations of Microzooplankton Net Samples

5.5.4　调查数据 / 样品初步分析结果

浮游动物样品的种类鉴定和计数工作在实验室内解剖镜下完成。18 个站位共鉴定浮游动物 44 种（类），其中桡足类 21 种（类），包括 17 个种，还有鉴定到属的新哲水蚤、伪哲水蚤和异肢水蚤，以及鉴定到类群的猛水蚤；水母类 6 种；毛颚类 3 种；除桡足类外的，包括磷虾、糠虾以及长尾类和短尾类幼体在内的其他甲壳动物 6 种；包括藤壶无节幼体、腺介幼体以及仔稚鱼在内的季节性浮游幼体以及多毛类、枝角类、翼族类等在内的其他浮游动物共 8 种（类）。

浮游动物总丰度在整个调查区域存在明显的地理差异，呈现出浅水区域丰度高，深海区域丰度低的特征（图 5.5.5）。白令海中部区域浮游动物平均丰度为 121.24 个 / m³，最低值出现在 BL09 站位的 8.06 个 / m³，最高值为 BR09 站位的 426.67 个 / m³。白令海北部靠近白令海峡的 BS 断面丰度范围为 705.83 ～ 1969.92 个 /m³，平均丰度为 1411.88 个 / m³。楚科奇海及北冰洋中心区除 R07 站位丰度仅有 11.73 个 / m³ 外，其余站位具有相似的丰度分布，平均值为 133.20 个 / m³。

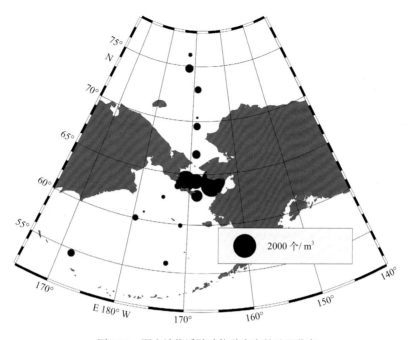

图5.5.5　调查站位浮游动物总丰度的地理分布

Figure 5.5.5　Distribution of zooplankton total abundance

　　从类群组成上来看，桡足类是最主要的类群，除 BR05 站位和 BR09 站位以桡足类和水母类共同占主导外，其余站位占总丰度的比例在 54.8% ~ 98.8%（图 5.5.6）。从调查区域上来看，北冰洋中心区、楚科奇海、白令海北部以及白令海中部的种类组成存在明显的差异。白令海的中部区域主要以桡足类、水母类为主，以典型的白令海大洋种——晶额新哲水蚤为代表，而白令海的北部晶额新哲水蚤较少，更多的是北极哲水蚤的白令海亚种以及包括枝角类和藤壶无节 / 腺介幼体在内的季节性浮游幼体。楚科奇海具有与白令海北部较为相似的种类组成，但是桡足类占绝对优势，季节性幼体相对较少，这种现象在北冰洋中心区最为明显，桡足类所占的比例均在 90% 以上。极北哲水蚤（图 5.5.7）在 M14 站位丰度最大，M13 站位丰度降低，M13 站位的南部没有极北哲水蚤。

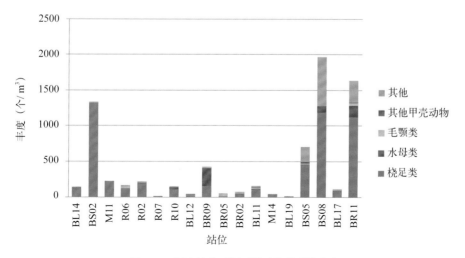

图5.5.6　调查站位不同浮游动物类群的丰度

Fig. 5.5.6　Abundance of different zooplankton groups in the investigated stations

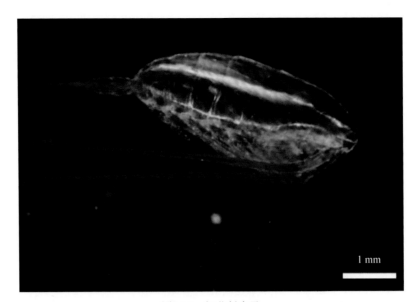

图5.5.7　极北哲水蚤

Figure 5.5.7　Calanus hyperboreus

在太平洋–北冰洋海区大面站调查中，共发现 19 种 5 属砂壳纤毛虫近岸种，所有的近岸种均在太平洋–北冰洋海区南部水体中有过报道，没有发现本地种。在近岸种中，其中 9 种为优势种，在太平洋–北冰洋海区南部和北部区域均有分布，但是根据其垂直分布模式可以进一步分为表层和底层分布两大类群。白令海陆架水中主要由底层分布类群组成，而安纳德尔水中则主要由表层分布类群组成。近岸种和大洋种砂壳纤毛虫均主要由白令海陆架水向北输送。在表层水体中，近岸类群不是主要的优势类群，其丰度比例小于 50%。

在从黄海至白令海南部走航水体调查中，共检出 83 种砂壳纤毛虫，其中 41 种为常见大洋种，分为 5 个类群：北方种、暖水种 Ⅰ 型、暖水种 Ⅱ 型、过渡种和广布种。加州波膜虫和克里夫氏波膜虫为过渡种；暖水种 Ⅰ 型中一些种类如小瓮状虫、酒杯类管虫、网状网袋虫、太平洋真铃虫、管状真铃虫、简单原纹虫和斯廷细瓮虫等虽然分布广泛，但丰度高值出现在过渡区中，当温度低于 15℃ 时丰度迅速降低甚至消失。与相邻区域相比，过渡区砂壳纤毛虫的种丰富度没有明显的增加。24 ~ 28 μm 口径组的砂壳纤毛虫种类在各群落中均占主导地位，但该口径组的丰度比例从北方群落（67.09%）到过渡群落（48.38%），再到暖水群落（22.82%）逐渐降低。

5.6　底栖生物和鱼类

5.6.1　执行人员

本次考察海洋底栖生物和鱼类调查参与人员共 2 人，来自自然资源部第一海洋研究所的徐勤增和自然资源部第三海洋研究所的李海。

5.6.2　调查设备与仪器

（1）底栖生物箱式取样器和箱式沉积物大型底栖生物冲洗器

箱式取样器（规格 50 cm × 50 cm，重量 200 kg，采泥量约 200 kg，图 5.6.1）采用重力贯入的原理，可取得海底表层以下 60 cm 范围内的沉积物样品，并可取到约 20 cm 深的上覆水样。适用于各种河流、湖泊、港口和海洋等不同水深条件下各种表层底质的取样工作。

图 5.6.1　底栖生物箱式取样器

Figure 5.6.1　Sediment box corer

用箱式沉积物大型底栖生物冲洗器（图 5.6.2）将底泥中底栖生物冲洗分选出来。

图 5.6.2　箱式沉积物大型底栖生物冲洗器

Figure 5.6.2　Sieving the Macrobenthos in Sediment

（2）鱼类浮游生物水平拖网

鱼类浮游生物样品采集采用浅水Ⅰ型浮游生物网水平拖网（图 5.6.3）采集，网口直径为 50 cm，网衣长 145 cm，网孔径为 0.505 mm。

图5.6.3　鱼类浮游生物水平拖网

Figure 5.6.3　Ichthyoplankton horizontal trawling net

（3）三角底栖拖网

底栖拖网采用三角拖网（图5.6.4），网架规格为 2.2 m×0.65 m，网衣长 3.5 m，网囊网目尺寸为 15 mm。作业时，拖网绳长为当地水深的 2～3 倍，船速控制在 2 kn 以内。起网后，挑选部分样品在现场拍照，记录其形状、体色等特征，而后尽可能收集所有的生物类别，样品装袋后，放入盛有固定液的标本桶，带回实验室分析。

图5.6.4　三角底栖拖网

Figure 5.6.4　Triangle bottom trawl

5.6.3 调查站位与工作量

（1）底栖生物

本航次箱式沉积物取样 5 站（图 5.6.5，表 5.6.1）。

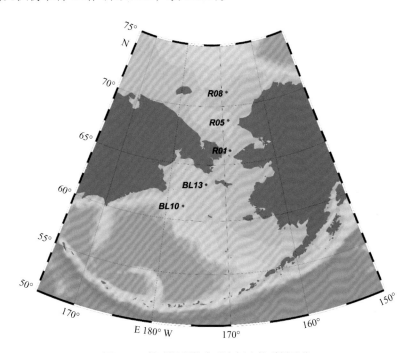

图5.6.5　箱式沉积物大型底栖生物采样站位

Figure 5.6.5　Locations of sediment station for benthos samples

表5.6.1　箱式沉积物大型底栖生物采样站位信息

Table 5.6.1　Information of sampling Macrobenthos in sediments

站位	纬度	经度	水深（m）	样品描述
BL10	61.286°N	177.240°W	118	双壳贝类、蛇尾、多毛类
BL13	63.290°N	173.437°W	66	多毛类
R01	66.211°N	168.753°W	55	寄居蟹、多毛类
R05	68.806°N	168.747°W	55	多毛类、小型蛇尾、贝类
R08	71.173°N	168.755°W	49	端足类、多毛类、蛇尾

（2）渔业生物资源

中国第十次北极科学考察在白令海和楚科奇海共进行了 21 个站位（图 5.6.6，表 5.6.2）的大型底栖生物拖网调查，其中，R06 站位和 BT11 站位分别因未触底和网兜松动而未取得样品。

在白令海、楚科奇海共进行了 11 个站位的鱼类浮游生物水平拖网调查，站位见图 5.6.7，站位信息见表 5.6.3。在所有的调查站位中，BT16 站位因拖网获得的样品无鱼类浮游生物和其他浮游动物，为非有效样品。因此，本航次共获得生物资源调查有效样品 29 份，其中底拖网样品 19 份，鱼类浮游生物样品 10 份。

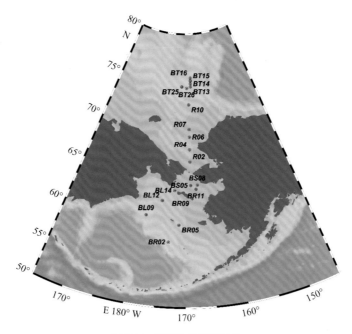

图5.6.6　底栖生物拖网站位

Figure 5.6.6　Locations of bottom trawl stations for benthos samples

表5.6.2　底栖生物拖网站位信息

Table 5.6.2　Information of bottom trawls for benthos samples

序号	站位	纬度	经度	日期	水深（m）	备注
1	BL09	60.797°N	178.211°W	2019–08–27	157	
2	BL12	62.593°N	175.010°W	2019–08–28	71	
3	BL14	63.767°N	172.408°W	2019–08–28	45	
4	BS05	64.330°N	168.709°W	2019–08–29	41	
5	BS08	64.365°N	167.121°W	2019–08–29	30	
6	R02	66.894°N	168.748°W	2019–08–30	45	
7	R04	68.193°N	168.761°W	2019–08–30	60	网衣未展开
8	R06	69.533°N	168.751°W	2019–08–30	50	缆绳未触底
9	R07	70.333°N	168.750°W	2019–08–31	41	
10	R10	72.898°N	168.745°W	2019–08–31	61	
11	R11	74.156°N	168.754°W	2019–08–31	180	网兜松动
12	BT26	74.605°N	169.324°W	2019–09–01	200	
13	BT13	74.746°N	167.857°W	2019–09–01	265	
14	BT14	75.034°N	167.816°W	2019–09–01	170	
15	BT15	75.337°N	167.807°W	2019–09–01	166	
16	BT16	75.641°N	167.817°W	2019–09–01	186	
17	BT25	74.741°N	171.211°W	2019–09–02	250	
18	BR11	63.901°N	167.478°W	2019–09–06	35	
19	BR09	62.907°N	168.427°W	2019–09–06	40	
20	BR05	59.899°N	171.307°W	2019–09–07	71	
21	BR02	57.902°N	173.226°W	2019–09–08	118	

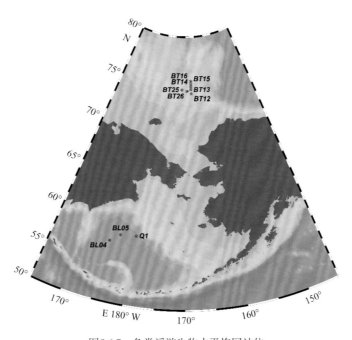

图5.6.7　鱼类浮游生物水平拖网站位

Figure 5.6.7　Locations of horizontal trawl for ichthyoplankton samples

表5.6.3　鱼类浮游生物水平生物拖网站位信息

Table 5.6.3　Information of horizontal trawls for ichthyoplankton samples

序号	站位	纬度	经度	水深（m）	拖网时间（min）	备注
1	BL04	57.393°N	175.605°E	3773	15	
2	BL05	58.298°N	177.419°E	3748	15	
3	Q1	58.300°N	179.315°W	3717	15	
4	BT26	74.605°N	169.324°W	200	15	
5	BT13	74.746°N	167.857°W	260	15	
6	BT14	75.034°N	167.816°W	172	17	
7	BT15	75.337°N	167.807°W	166	15	
8	BT16	75.641°N	167.817°W	190	17	无生物样品
9	BT25	74.741°N	171.211°W	253	15	
10	Q3	74.354°N	169.085°W	194	15	
11	BT12	74.322°N	167.817°W	261	20	

5.6.4　调查数据／样品初步分析结果

（1）底栖生物

底栖生物采样沉积物箱式取样，白令海区域 BR 断面为铁板沙，未进行底栖冲洗工作。BL 断面进行 2 站位冲洗工作。BL10 站位黏土质粉砂，主要种类为蛇尾、双壳类、竹节虫；BL13 站位底栖生物样品较少，黑色黏土，样品较少，主要以小型多毛类（索沙蚕、吻沙蚕等）为主。

楚科奇海进行 3 站位作业，R01 站位底质砾石，主要种类为冷水珊瑚、寄居蟹、海胆、蛇尾（4 个）；

R05 站位为黏土质粉砂，本站采集较多的小型蛇尾、不倒翁虫、竹节虫、勺蛤等；R08 站位为黏土质粉砂，采集到端足类、蛇尾、不倒翁虫、海蛹等多毛类、小型贝类等。

（2）渔业生物资源

经初步分析，本次底拖网调查中，生物资源类物种主要包括鱼类、虾类、蟹类和底栖无脊椎动物中的双壳类和螺类，未发现头足类。鱼类种类主要包括鳕鱼（图 5.6.8）、绵鳚、狮子鱼和鲽类，其中狮子鱼和狼绵鳚的数量最多，且分布范围广泛；鲽类和鳕鱼数量较少。除鱼类以外的其他底栖生物种类主要为雪蟹、双壳类和螺类，以及海胆、蛇尾类和海百合等棘皮动物。总体来看，调查海域生物资源种类主要分布在 76°N 以南、水深小于 200 m 的站位，这也与以往调查的结果基本类似。

鱼类浮游生物水平拖网调查的样品中未发现任何鱼类浮游生物。

图5.6.8　捕获的黄线狭鳕（*Theragra chalcogrammus*）幼鱼样本
Figure 5.6.8　Juvenile fish sample of walleye pollock *Theragra chalcogrammus*

5.7　底栖生物微塑料

5.7.1　执行人员

本次考察海洋底栖生物微塑料调查由来自自然资源部第三海洋研究所的李海负责。

5.7.2　调查设备与仪器

调查设备同底栖拖网，即采用三角拖网，网架规格为 2.2 m×0.65 m，网衣长 3.5 m，网囊网目尺寸为 15 mm。作业时，拖网绳长为当地水深的 2 ~ 3 倍，船速控制在 2 kn 以内。调查站位每一站采集 2 ~ 3 类代表性优势物种，每个物种的个体数量不少于 10 个。当遇到采集的生物种类和数量不足的情况，若条件允许，则应重新进行拖网；若条件不允许，则应采集拖网得到的所有生物个体。接着，用走航海水将上述生物样品冲洗干净，同一种类的生物在取样时应确保个体大小基本一致，并详细记录采集海域、站位信息、物种编号、优势物种类型、物种名称、物种数量、保存方式等信息。所有采集的生物样品冷冻保存，并标记好内外标签及详细填写采样记录表。样品采集和操作过程避免与塑料制品接触；如无法避免，需先将其充分冲洗干净再进行后续操作。

5.7.3　调查站位与工作量

中国第十次北极科学考察在白令海和楚科奇海共进行了 10 个站位的底栖生物微塑料调查，站位见图 5.7.1，站位信息见表 5.7.1。

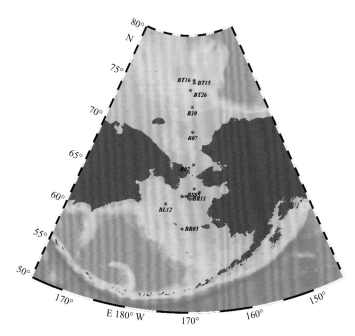

图5.7.1　底栖生物微塑料调查站位图

Figure 5.7.1　Sampling locations for microplastics in benthos

表5.7.1　底栖生物微塑料调查站位信息

Table 5.7.1　Information of sampling locations for microplastics in benthos

序号	站位	纬度	经度	日期	水深（m）	备注
1	BL12	62.593°N	175.010°W	2019-08-28	71	
2	BS05	64.330°N	168.709°W	2019-08-29	41	
3	R02	66.894°N	168.748°W	2019-08-30	45	
4	R07	70.333°N	168.750°W	2019-08-31	41	
5	R10	72.898°N	168.745°W	2019-08-31	61	
6	BT26	74.605°N	169.324°W	2019-09-01	200	
7	BT15	75.337°N	167.807°W	2019-09-01	166	
8	BT16	75.641°N	167.817°W	2019-09-01	186	
9	BR11	63.901°N	167.478°W	2019-09-06	35	
10	BR05	59.899°N	171.307°W	2019-09-07	71	

5.7.4 调查数据 / 样品初步分析结果

在较大的时间与空间尺度上研究了北极底栖生物和重要经济鱼类体内微塑料污染特征，在采样的10 个站位中，共计获得了包括海星、海燕、海绵、海胆、铠甲虾、白樱蛤类、绵鳚、杜父鱼等至少 8 种具有代表性或重要的底栖生物样品；同时结合同位素技术研究微塑料在不同营养级中传递规律的研究工作，为全面认识北极海域微塑料对生态系统潜在危害提供科学支撑。

最终对雪蟹、泥海星、海葵、双壳贝类、螺类、北极甜虾、海参和杜父鱼这 8 种生物体内的微塑料污染特征展开了调查研究，结果发现各站位底栖生物体内微塑料的含量分布范围为 0.1 ～ 2.0 个 / 个体，其中最大值出现在杜父鱼体内，最小值出现在泥海星和海参体内（表 5.7.2）。将相同物种合在一起进行分析发现，杜父鱼对微塑料的平均摄入量最大，其次为海葵和螺类，双壳贝类的摄入量最小。通过相关性分析后发现，底栖生物体内的微塑料含量与营养级存在显著的正相关性（R^2=0.88，p=0.00，Pearson correlation, 2-tailed），表明微塑料存在随营养级传递和富集现象。

在调查的底栖生物体内检测出 14 种不同材质的微塑料，其中聚酯纤维（PES）占比最高，达到43%；其次为尼龙（PA）和人造丝（Rayon），分别占比 16% 和 11%；橡胶（Rubber）的占比最低，为0.25%（图 5.7.2）。PES 在双壳贝类中占比最高，在螺类中占比最低。

在调查的底栖生物体内检测出 8 种不同颜色的微塑料，其中白色占比最高，达到 31%，其次为黑色（28%）和透明（22%），紫色占比最低，为 0.29%（图 5.7.3）。

8 种底栖生物体内微塑料的平均尺寸为 1.00 mm，杜父鱼体内的微塑料尺寸最长为 1.26 mm，其次为甜虾（1.24 mm）和螺类（1.11 mm），在双壳贝类体内的尺寸最短（0.65 mm）。所有生物中，0.50 ～ 1.00 mm 尺寸范围的微塑料占比最高，达到 29%，其次为 0.00 ～ 0.50 mm 尺寸范围的微塑料（20%）和 1.00 ～ 1.50 mm 的微塑料（17%）（图 5.7.4）。

表5.7.2 底栖生物营养级及体内微塑料含量汇总

Table 5.7.2 Summary of trophic level and microplastics level of benthos

站位	生物	拉丁名	营养级	微塑料含量（个 / 个体）
BT14	三叉裸棘杜父鱼	*Gymnocanthus tricuspis*	4.5	2.0
BT16	双壳贝类	*Astarte crenata*	2.7	0.3
	泥海星	*Ctenodiscus crispatus*	3.0	0.8
BT15	海葵	Actiniidae und.	3.3	1.4
	太平洋雪蟹	*Chionoecetes opilio*	3.4	1.1
BT26	泥海星	*Ctenodiscus crispatus*	3.0	0.9
	太平洋雪蟹	*Chionoecetes opilio*	3.4	0.7
R10	太平洋雪蟹	*Chionoecetes opilio*	3.4	0.4
	泥海星	*Ctenodiscus crispatus*	3.0	0.6
R07	海葵	Actiniidae und.	3.3	1.3
	泥海星	*Ctenodiscus crispatus*	3.0	0.6
	太平洋雪蟹	*Chionoecetes opilio*	3.5	0.5
	平氏鲱杜父鱼	*Triglops pingelii*	4.5	1.7

站位	生物	拉丁名	营养级	微塑料含量 （个／个体）
R02	螺类	*Latisipho hypolispus*	3.8	1.2
	泥海星	*Ctenodiscus crispatus*	3.0	0.6
	海葵	Actiniidae und.	3.3	0.7
	平氏鲥杜父鱼	*Triglops pingelii*	4.5	1.3
	太平洋雪蟹	*Chionoecetes opilio*	3.5	0.2
	北极甜虾	*Pandalus borealis*	3.5	0.7
	海参	Holothuroidea	2.5	0.4
BR09	螺类	*Mohnia daphnelloides*	4.6	0.6
	太平洋雪蟹	*Chionoecetes opilio*	3.4	0.3
	泥海星	*Ctenodiscus crispatus*	3.0	0.1
	北极甜虾	*Pandalus borealis*	3.5	0.6
	海参	Holothuroidea	2.5	0.3
BR11	泥海星	*Ctenodiscus crispatus*	3.0	0.3
	太平洋雪蟹	*Chionoecetes opilio*	3.4	0.2
	海葵	Actiniidae und.	3.3	0.6
	海参	Holothuroidea	2.5	0.1
BL12	太平洋雪蟹	*Chionoecetes opilio*	3.4	0.2
	海葵	Actiniidae und.	3.3	0.3
	双壳贝类	*Macoma tokyoensis*	1.9	0.2
	螺类	*Mohnia daphnelloides*	4.6	0.5

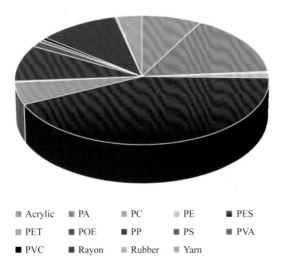

■ Acrylic ■ PA ■ PC ■ PE ■ PES
■ PET ■ POE ■ PP ■ PS ■ PVA
■ PVC ■ Rayon ■ Rubber ■ Yarn

图5.7.2　底栖生物体内不同种类微塑料的分布情况

Figure 5.7.2　Type composition of microplastics in benthos

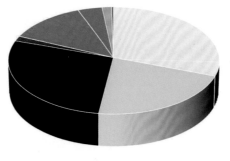

■ 白色 ■ 透明 ■ 黑色 ■ 红色 ■ 蓝色 ■ 灰色 ■ 绿色 ■ 紫色

图5.7.3　底栖生物体内不同颜色微塑料的分布情况

Figure 5.7.3　Color composition of mircoplastics in benthos

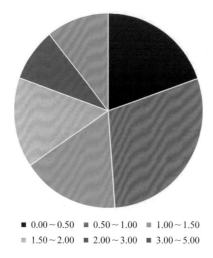

■ 0.00～0.50　■ 0.50～1.00　■ 1.00～1.50
■ 1.50～2.00　■ 2.00～3.00　■ 3.00～5.00

图5.7.4　底栖生物体内不同尺寸（mm）微塑料的分布情况

Figure 5.7.4　Size (mm) composition of microplastics in benthos

5.8　本章小结

　　本航次共完成微型和微微型浮游生物调查站位 44 个，其中走航宏基因测序采样站位 4 个及微微型浮游生物丰度调查站位 40 个，获取微微型浮游植物丰度数据 188 份，异养浮游细菌丰度数据 229 份，分子生物学分级样品 389 个；完成叶绿素调查站位 96 个，获取叶绿素样品 248 个，其中走航表层样品 55 个，CTD 采水站位 41 个计样品 193 个；完成浮游植物与浮游动物采样 18 站，获得浮游植物样品和浮游动物样品各 18 个，采集微型浮游动物水样 221 个，走航表层海洋生物调查微型浮游动物采样获得样品 140 个；鱼类浮游生物水平拖网 11 站；大型底栖生物拖网 21 站；获得生物资源调查有效样品 29 份，其中底拖网样品 19 份，鱼类浮游生物样品 10 份。

第6章

中国第十次北极科学考察总结

在自然资源部的正确领导下，在国家海洋局极地考察办公室的精心指挥和自然资源部第一海洋研究所的认真组织和大力保障下，中国第十次北极考察全体考察队员顽强拼搏、开拓进取、精细组织、安全实施，圆满完成了本航次实施方案中规定的任务，考察队在以下工作上取得显著性进展。

（1）首次实施以北极地区海洋业务化监测为主的调查。本次考察聚焦于海洋诸学科的综合考察，具体包括物理海洋和海洋气象、海洋地质与地球物理、海洋与大气化学、海洋生物与生态学。考察的主要方式与海域与以往北极考察基本相同，进一步夯实了北极业务化监测基础，完善了北极业务化监测体系。

（2）首次成功完成白令海多个水下滑翔机自主同步联合观测，提升了我国对北极环境的观/监测能力。3台水下滑翔机在白令海公海海域自主航行累计500 n mile，获取了温盐剖面229个，成功实现白令海海盆和陆坡区持续22 d的连续、高密度观测。

（3）首次在东白令海和北太平洋开展调查，拓展了我国对北极地区和大洋的考察范围。

（4）首次将多金属结核成因机理调查纳入考察计划，并在6个站位拖网作业中采集到多金属结核结壳样品；拖网样品与地球物理观测数据结合，为研究楚科奇边缘地的演化过程提供了详实的基础资料。

（5）将探索北极海洋酸化、微塑料和人工核素等热点海洋环境问题固定到业务化监测范畴，首次开展放射性铯走航观测，为更全面地从碳循环角度认识北极海区对于气候变化的响应及调节作用，评估北极海洋、大气和生物载体的人工放射性核素水平和微塑料含量，认识北极海域微塑料对生态系统潜在危害提供科学支撑。

（6）本次北极考察是我国首次使用综合海洋科学考察船"向阳红01"号执行极地考察任务，为科学家提供多圈层、多学科、多参数综合海洋考察平台。船实验室承担了本航次的船载调查设备各项保障工作，在实验室功能空间、专业人员配备、操控支撑系统、样品库运行等方面均提供了有力保障，为考察任务的实施提供有效的保障支撑，提高了作业效率，减少了考察队在甲板作业的人员需求，减轻了科研人员从事船载动力机械操作的风险与负担。

附　录

中国第十次北极科学考察人员名录

魏泽勋

任务：考察队领队兼首席科学家

单位：自然资源部第一海洋研究所

陈红霞

任务：首席科学家助理

单位：自然资源部第一海洋研究所

张伟滨

任务：党办主任

单位：自然资源部第一海洋研究所

俞启军

任务：船长

单位：自然资源部第一海洋研究所

黄　婧

任务：质量与数据管理保障

单位：中国极地研究中心

张士中

任务：轮机长

单位：自然资源部第一海洋研究所

段平平

任务：船长

单位：青岛华洋海事服务有限公司

张彬彬

任务：实验部主任

单位：自然资源部第一海洋研究所

殷晓明

任务：船医

单位：青岛华洋海事服务有限公司

买小平

任务：气象预报

单位：国家海洋环境预报中心

蔡　柯

任务：海冰预报

单位：国家海洋环境预报中心

何　琰

任务：物理海洋组组长

单位：自然资源部第一海洋研究所

徐腾飞

任务：物理海洋调查

单位：自然资源部第一海洋研究所

崔廷伟

任务：物理海洋调查

单位：自然资源部第一海洋研究所

吕连港

任务：物理海洋调查

单位：自然资源部第一海洋研究所

杨廷龙

任务：物理海洋调查

单位：自然资源部第一海洋研究所

焦晓辉

任务：物理海洋调查

单位：浙江大学

周鸿涛

任务：物理海洋调查

单位：自然资源部第三海洋研究所

李　豪

任务：物理海洋调查

单位：自然资源部第二海洋研究所

钟文理

任务：物理海洋调查

单位：中国海洋大学

崔凯彪

任务：物理海洋调查

单位：太原理工大学

庄燕培

任务：海洋化学组组长

单位：自然资源部第二海洋研究所

孙　霞

任务：海洋化学调查

单位：自然资源部第一海洋研究所

石红旗

任务：海洋化学调查

单位：自然资源部第一海洋研究所

陈发荣

任务：海洋化学调查

单位：自然资源部第一海洋研究所

曹 为

任务：海洋化学调查

单位：自然资源部第一海洋研究所

杨佰娟

任务：海洋化学调查

单位：自然资源部第二海洋研究所

李杨杰

任务：海洋化学调查

单位：自然资源部第二海洋研究所

孙 恒

任务：海洋化学调查

单位：自然资源部第三海洋研究所

江泽煜

任务：海洋化学调查

单位：自然资源部第三海洋研究所

王炜珉

任务：海洋化学调查

单位：厦门大学

张武昌

任务：海洋生物调查

单位：中国科学院海洋研究所

林学政

任务：海洋生物调查

单位：自然资源部第一海洋研究所

徐勤增

任务：海洋生物调查

单位：自然资源部第三海洋研究所

邵和宾

任务：海洋生物调查

单位：中国极地研究中心

袁 超

任务：海洋生物调查

单位：自然资源部第一海洋研究所

郑 洲

任务：海洋生物调查

单位：自然资源部第一海洋研究所

李 海

任务：海洋生物调查

单位：自然资源部第三海洋研究所

陈志华

任务：海洋地质地球物理调查

单位：自然资源部第一海洋研究所

李官保

任务：海洋地质地球物理调查

单位：自然资源部第一海洋研究所

李乃胜

任务：海洋地质地球物理调查

单位：自然资源部第一海洋研究所

周庆杰

任务：海洋地质地球物理调查

单位：自然资源部第一海洋研究所

许明珠

任务：海洋地质地球物理调查

单位：自然资源部第二海洋研究所

赵国兴

任务：样品管理

单位：自然资源部第一海洋研究所

孙璐波

任务：水手

单位：青岛华洋海事服务有限公司

卢永平

任务：后甲板作业

单位：青岛兴程人力资源有限公司

胡 俊

任务：数据管理

单位：自然资源部第一海洋研究所

袁庆树

任务：后甲板作业

单位：青岛兴程人力资源有限公司

时广冬

任务：后甲板作业

单位：青岛兴程人力资源有限公司

郝文龙

任务：实验室水手

单位：青岛华洋海事服务有限公司

李明杰

任务：实验室二管轮

单位：青岛华洋海事服务有限公司

房力波

任务：实验室机工

单位：青岛华洋海事服务有限公司

王 瑞

任务：实验室水手

单位：青岛华洋海事服务有限公司

邹海勇

任务：实验室水手长

单位：青岛华洋海事服务有限公司

赵 鹏

任务：实验室机工

单位：青岛华洋海事服务有限公司

赵弟运

任务：大副

单位：青岛华洋海事服务有限公司

戴 闰

任务：机工长

单位：青岛华洋海事服务有限公司

孙鹏超

任务：三副

单位：青岛华洋海事服务有限公司

郑 喜

任务：二副

单位：青岛华洋海事服务有限公司

孔 磊

任务：大管轮

单位：青岛华洋海事服务有限公司

杨 彭

任务：水手

单位：青岛华洋海事服务有限公司

高庆杰

任务：三管轮

单位：青岛华洋海事服务有限公司

安晋国

任务：二管轮

单位：青岛华洋海事服务有限公司

高呈山

任务：水手长

单位：青岛华洋海事服务有限公司

张 宇

任务：电机员

单位：青岛华洋海事服务有限公司

王萌萌

任务：水手

单位：青岛华洋海事服务有限公司

马晟竣

任务：机工

单位：青岛华洋海事服务有限公司

张启发

任务：机工

单位：青岛华洋海事服务有限公司

杨文保

任务：大厨

单位：青岛华洋海事服务有限公司

笪 伟

任务：机工

单位：青岛华洋海事服务有限公司

盖鹏举

任务：大厨

单位：青岛华洋海事服务有限公司

于乾文

任务：水手

单位：青岛华洋海事服务有限公司

李　岩

任务：服务员

单位：青岛华洋海事服务有限公司

王升发

任务：机工

单位：青岛华洋海事服务有限公司

张　勇

任务：水手

单位：青岛华洋海事服务有限公司

陈志仁

任务：机工

单位：青岛华洋海事服务有限公司

王　杰

任务：二厨

单位：青岛华洋海事服务有限公司

赵　盼

任务：服务员

单位：青岛华洋海事服务有限公司